数码摄影基础应用教程
（第2版）

主　编　汪永辉
副主编　张和胜　周　宁　秦　亮
参　编　雷昊霖

北京理工大学出版社
BEIJING INSTITUTE OF TECHNOLOGY PRESS

内容提要

本书采用项目+任务的教学模式进行编写。全书共七个实训项目：项目一为照相机基础——认识照相机，项目二为照相机拍摄基础，项目三为风光、花卉摄影，项目四为人物摄影，项目五为静物广告摄影，项目六为其他摄影及摄影工作室的创建，项目七为图片后期处理。每个实训项目又由若干个任务组成，通过完成任务达到学习摄影的目的。本书引用了较多的现代数码摄影新理念和新成果，切合学生今后的择业需求，对学生的就业有很好的引导作用。

本书可作为高等院校艺术设计类专业教材，也可供摄影爱好者学习参考。

版权专有　侵权必究

图书在版编目（CIP）数据

数码摄影基础应用教程/汪永辉主编.—2版.—北京：北京理工大学出版社，2021.1
ISBN 978-7-5682-9442-3

Ⅰ.①数… Ⅱ.①汪… Ⅲ.①数字照相机-摄影技术-教材 Ⅳ.①TB86 ②J41

中国版本图书馆CIP数据核字(2021)第005058号

出版发行 / 北京理工大学出版社有限责任公司
社　　址 / 北京市海淀区中关村南大街5号
邮　　编 / 100081
电　　话 / （010）68914775（总编室）
　　　　　　（010）82562903（教材售后服务热线）
　　　　　　（010）68948351（其他图书服务热线）
网　　址 / http://www.bitpress.com.cn
经　　销 / 全国各地新华书店
印　　刷 / 河北鑫彩博图印刷有限公司
开　　本 / 889毫米×1194毫米　1/16
印　　张 / 11
字　　数 / 353千字
版　　次 / 2021年1月第2版　　2021年1月第1次印刷
定　　价 / 88.00元

责任编辑 / 王晓莉
文案编辑 / 王晓莉
责任校对 / 刘亚男
责任印制 / 边心超

图书出现印装质量问题，请拨打售后服务热线，本社负责调换

前言

Foreword

虽然摄影从诞生至今不到两百年，但从早期的胶片影像到现在的数码影像，从以前高高在上的由少数人掌握的一门技术到现在每个人都能拿起照相机拍出漂亮的照片，摄影展现出了无穷的生命力。摄影从来没有像现在这样普及，作为现代文化的视觉媒介，它已渗入各个领域，并以其即时成像的快捷性及简单易学的操作技术吸引着越来越多的爱好者。随着数码科技的飞速发展，数码摄影正在迅速地发展和普及。

摄影作为高等院校艺术设计专业的一门必修课，受到众多学生的喜爱。由于它是一门实践性很强的学科，本书针对现代高等院校的办学特点，将枯燥的摄影理论分解成不同的项目，每个项目包括若干学习任务。学生在了解相关摄影理论的基础上，通过完成具体的学习任务，举一反三，达到学习和实践的目的。同时，本书在内容的选择上贴近摄影的实用功能，对大学生就业有很好的引导示范作用。

本书以工学结合为特色，使教与学充分互动，改变了传统摄影教材中的教学观念与教育模式，引用了较多现代数码摄影的新理念和新成果，以实训教学形式和内容架构全书。其主要特色如下：

（1）体例新颖。本书结合编者多年的摄影教学经验和成果，融合当前数码摄影教学的前沿理念和技术成就，围绕摄影教学创新模式，以"实践应用"为实训载体，把摄影技能、摄影基础理论融为一体，进行项目任务化编写，旨在帮助学生通过学习和实际操作，提高应用实践能力和创新思维能力。

（2）操作实用性强。本书不同于以往摄影教材只讲理论不重视操作和拍摄技巧的教学思路，而侧重对拍摄方法和技巧的讲解，将摄影内容分解为不同的项目和任务，帮助学生逐步掌握数码照相机的基本操作要领。

（3）教学内容丰富，教学思路多元，文字深入浅出，内容不断递进。本书基本涉猎了数码摄影实训的所有内容。内容翔实新颖，语言通俗易懂，知识全面。

（4）直观性强。书中附有大量精美的图片，用图片来阐释摄影理论，以图释理，图文结合，易学易用，使读者看得懂、用得上。

本书由兰州职业技术学院汪永辉担任主编，张和胜、周宁、秦亮担任副主编，雷昊霖参与编写。全书由汪永辉负责统稿和定稿工作。

本书是一本实用性、理论性与可操作性兼备的数码摄影应用基础教材，适合高等院校相关专业师生使用，也可作为广大摄影爱好者自学参考用书或进修培训教材。

本书编写过程中参阅了大量的资料，得到了众多专家、同人的指点，也得到了相关院校师生的鼎力配合，在此一并表示衷心感谢。

由于编写时间仓促，编者水平有限，书中难免存在不妥之处，敬请读者和专家批评指正。

编　者

目录

Contents

照相机基础——认识照相机

任务一　照相机的结构

本任务主要让学生了解照相机的成像原理和结构。通过完成任务，学生应熟悉照相机的成像原理、结构和各种配件的功用等知识，为后期的深入学习打好基础。

一、任务描述

任务描述如表1-1-1所示。

表1-1-1　任务描述表

任务名称	照相机的结构
一、任务目标	
1. 知识目标 （1）熟悉照相机的成像原理和结构。 （2）了解照相机的种类和配件。 2. 能力目标 （1）熟悉照相机各个组成部分和功能键的使用方法。 （2）学会安装135单反照相机镜头。 （3）熟悉照相机外设部件的功用和使用方法。 3. 素质目标 （1）培养思考、探究的能力。 （2）培养学习新知识与技能的能力。 （3）逐步培养良好的摄影习惯	

续表

任务名称	照相机的结构
二、任务内容	
（1）了解照相机成像的原理。 （2）认识照相机的各个组成部分。 （3）认识照相机外设配件的功用和使用方法	
三、任务成果	
对照相机的结构原理有较深入的了解，并能正确安装镜头、电池、存储卡，熟悉一些常用配件的使用方法	
四、任务资源	
教学条件	（1）硬件条件：胶片照相机、数码照相机、多媒体演示设备等。 （2）软件条件：多媒体教学系统
教学资源	多媒体课件、教材、网络资源等
五、教学方法	
教法：任务驱动法、小组讨论法、讲授法、演示法、展示法。 学法：自主学习、小组讨论、查阅资料等	

二、任务实施

1. 打开135传统胶片照相机的后盖，卸下镜头，了解照相机内部构造

照相机主要由镜头、机身等部件构成（图1-1-1）。

图1-1-1　传统胶片照相机的结构

2. 通过多媒体演示、具体手动操作，了解照相机的成像原理

照相机的成像原理其实很简单，就是小孔成像原理，但照相机通过不同的介质（胶片、图像感应器）将影像保存了下来（图1-1-2）。135单反照相机为了使取景和拍摄使用同一个光路，设计了一个反光装置。通过图1-1-3就能清晰地看到它的成像光路。

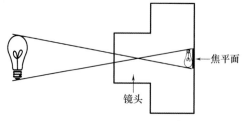

图1-1-2　照相机的成像原理

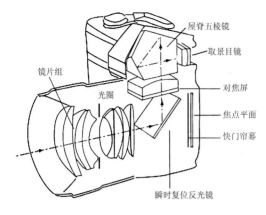

图1-1-3 135单反照相机光路图

3. 了解照相机中控制进光量的重要设置——光圈和快门

光圈和快门在传统照相机上可通过镜头中的光圈环（图1-1-4）和照相机机身的速度拨盘（图1-1-5）进行调节，通过调节它们的大小可以控制到达焦平面的进光量。现在的数码单反照相机基本都是通过机身的拨盘来调节光圈和快门的。

图1-1-4 镜头中的光圈环

图1-1-5 速度拨盘

4. 了解传统胶片照相机和数码照相机的主要不同装置

传统胶片照相机和现代数码照相机的基本成像原理相同，最大的不同就是采集影像的载体不同：传统胶片照相机把影像记录在胶片上，而数码照相机用图像感应器采集光电信号并经一系列复杂的转换、压缩，最后将影像保存在存储卡上。反映在照相机结构上的最大不同就在于此。

如在传统胶片照相机上只有卷片与倒片机构、后背等。而数码照相机上则有影像传感器、A/D转换器、数字影像处理器、影像数据压缩器、影像存储器、彩色液晶显示器、功能调节盘等（图1-1-6和图1-1-7）。

图1-1-6 数码单反照相机的结构（正面）

图1-1-7 数码单反照相机的结构（背面）

5. 了解照相机外设常用附件

（1）脚架：主要用于固定照相机的架子，使拍摄保持稳定。应了解它和照相机的连接方式、操作调节高度和水平等。一般可分为三脚架（图1-1-8）、独脚架、翻拍架、钳形架等。

（2）快门线：用来开启照相机快门的工具。其主要作用为进一步降低机震，适于长时间曝光时使用。快门线一般可分为短机械快门线、气动快门线、专用快门线几种。使用时应根据照相机的不同，选择合适的快门线，并知晓快门线的操作方法（图1-1-9）。

（3）遮光罩：安装在镜头前面、防止杂乱光线射入镜头的罩子。其口径大小、深浅必须与摄影镜头的口径、视角、焦距相符。多在逆光或侧逆光及室内、夜间灯光下使用，能有助于提高影像质量；在雨天或下雪天使用，可以保护摄影镜头。应知晓其安装和使用方法（图1-1-10）。

（4）滤镜：一种依靠选择性吸收来改变成像光线的光谱性质或辐射量的用透明光学玻璃或其他透明材料制成的器件，一般安装在镜头前面。数码摄影中应用较多的有UV镜、天光镜、偏振镜、中灰镜、渐变镜等（图1-1-11）。

（5）读卡器：将存储卡上的数字影像数据通过USB接口传输给电脑的小设备，一般可兼容不同型号的存储卡（图1-1-12）。

（6）数码伴侣：一种不用电脑就能大容量存储数码影像的设备。容量一般在500 GB以上。当数码照相机中的存储卡空间储存满后，可将文件转存于数码伴侣中，如此即可清空存储卡，不影响拍摄。现在的数码伴侣功能强大，便携性好，还具备多媒体存储与娱乐的功能（图1-1-13）。

（7）外置闪光灯：外置闪光灯的功率、功能多比内置闪光灯强大，使用灵活性高（图1-1-14）。

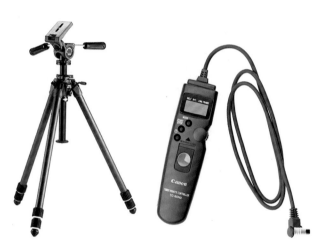

图1-1-8　三脚架　　　　图1-1-9　快门线

图1-1-10　遮光罩

图1-1-11　滤镜

图1-1-12　读卡器

图1-1-13　数码伴侣

图1-1-14　外置闪光灯

三、任务检查

任务检查如表1-1-2所示。

表1-1-2 照相机的结构任务考核指标

任务名称	序号	任务内容	任务要求	任务标准	分值/分	得分
照相机的结构	1	照相机的内部构造	完成对照相机主要部件的了解	（1）准确说明各个部件的功能。 （2）理解照相机的成像原理。 （3）准确说明光圈、快门控制曝光的原理	60	
	2	常用外设附件	完成对常用外设附件的了解	（1）了解常用外部设备的主要作用。 （2）知道常用外设附件的用法	20	
	3	作业完成情况	按照任务描述提交相关文字作业	上交文字作业准时、完备、正确	15	
	4	工作效率及职业操守	——	时间观念、团队合作意识、学习的主动性及其操作效率等	5	

四、相关知识点准备

（一）摄影术的变迁和发展

1. 传统摄影变迁

摄影的成像原理其实就是小孔成像原理。这一原理是战国时期由我国的墨翟（墨子）发现的。现代摄影术一般认为是由法国画家达盖尔发明的（图1-1-15）。1839年，达盖尔通过一个偶然的机会发现水银显影曝光后的溴化银，通过食盐定影，就可以得到金属负像，能永久保存影像。这种银版摄影法的发明，革命性地改变了人们传统的用绘画记录影像的方法。但当时由于技术条件的限制（感光材料的制造水平低），一张影像的曝光时间要用20～30 min。尽管如此，拍摄人物肖像照仍然成为当时上流社会的一种时尚（图1-1-16）。

图1-1-16 安装有头部支撑架的特制座椅

在一百多年里，摄影术的发展非常迅速。到20世纪初，由于科技的进步，摄影术已经发展得很成熟了。欧洲的精密仪器制造技术催生了莱卡、哈苏等经典照相机的问世。

2. 数码摄影的发展

日本战后科技发展迅速，到20世纪80年代，随着电子技术的诞生与普及，照相机的制造中心由欧洲转向日本。电子技术的运用改变了照相机的发展轨迹。自动对焦和自动测光技术使照相机的操作变得简单，照相机得以普及。与此同时，随着计算机技术的逐渐普及，摄影技术也出现了革命性的飞跃——数码摄影技术诞生了。数码摄影改变了传统的影像记录方式，

图1-1-15 达盖尔的银版肖像

使图像信息的存储、处理、传播变得更加方便快捷。数码照相机用光电器件代替了胶片，采用数字存储器保存图像。从以前高高在上的、由少数人掌握的一门技术变为现在每个人都能拿起照相机拍出漂亮的照片，摄影从来没有像现在这样变得如此普及。数码摄影以不可阻挡的发展趋势，逐渐成为当今摄影的主流。摄影器材的普及、图像处理软件Photoshop的升级均为摄影师对数码图片进行后期的智能操作提供了方便。摄影作为现代文化的视觉媒介，已渗入各个领域，并以其即时成像的快捷性及简便易学的操作技术，吸引着越来越多的爱好者。随着数码科技的飞速发展，数码摄影正在迅速地发展和普及（图1-1-17和图1-1-18）。

图1-1-17 135数码单反照相机（尼康D4S）

图1-1-18 中画幅数码照相机（哈苏H4D-60）

（二）照相机的基本结构

对于一部照相机，仅从外观上看那些复杂的开关、转盘、插口，你可能无法想象，它最基本的结构就是一个"放胶片的黑盒子"。在黑盒子前穿一个小孔，这就是照相机的始祖——针孔照相机。现在各式各样的复杂的现代照相机，就是在这个基础上发展、完善起来的。照相机虽然基本类型相同，但由于使用的范围、功能有异，制造商做出了不同

的样式。

照相机经历了从传统胶片照相机到数码照相机的演进过程，但不管怎么发展，照相机的成像原理和基本结构都没有发生大的变化。因此，我们有必要对照相机的基本结构做一个简单的了解。

照相机是主要的摄影工具，其种类很多，结构复杂，功能性能各异，但基本装置相同。照相机一般由镜头、机身等组成。传统照相机还有卷片装置，数码照相机还有影像转换和存储装置。机身起着连接各部件，使它们互相配合，完成拍摄工作的作用。

具体来说，传统胶片照相机的基本结构包括镜头与镜片组、光圈、快门、取景器、胶卷舱与胶卷等。数码照相机的基本结构则包括镜头与镜片组、光圈、快门、取景器、影像传感器、彩色液晶显示屏、液晶信息显示屏、存储卡槽、调节盘等。

1. 传统胶片照相机、数码照相机相同的主要装置

（1）镜头。

1）镜头的结构。镜头是照相机最重要的部件，其作用是使被摄物体在感光片上成像。镜头成像质量的高低是评价镜头质量好坏的重要标准。一个高质量的镜头必须在解像力、校正光行差、色彩还原、反差、锐度等方面达到一定的要求。它主要由镜头筒、透镜组、光圈、对焦调节装置、变焦调节装置、镜间快门、自动对焦马达等组成。其中，前四部分一般是共性的，后三部分是根据镜头的功能不同而在前四部分的基础上增加的（图1-1-19）。

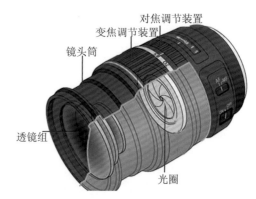

图1-1-19 镜头结构

①镜头筒——安装有透镜组、光圈、对焦调节装置、变焦调节装置、快门、自动对焦电动机等器件的筒体，其作用是使透镜组的各透镜精确地固定在一定位置上，前端有螺口，后端有卡口（针对可卸镜头的单反照相机而言）。

②透镜组——由多片、多组加膜镜片组成的凹凸复合透镜组，是结成光学影像的关键。

③光圈——安装在镜头内透镜组中间的、可以活动的多片金属薄叶，可调节大小，是控制曝光非常重要的一个装置之一。

光圈的主要作用包括：

a.调节和控制镜头通光量，获得正确曝光；

b.控制景深（光圈孔径大景深小，光圈孔径小景深大）；

c.减小像差（光圈过大会出现某些像差现象，光圈过小会出现光衍射现象，一般将光圈缩小到最大光圈的三到四挡为最佳成像光圈）。

光圈的主要特征包括：

a.照相机显示的光圈值用"f/"表示（如f/2.8）；

b.摄影镜头上标注的最大光圈不一定是标准系数；

c.后一挡光圈系数值是前一挡的$\sqrt{2}$倍（约1.4倍）；

d.光圈系数越大，通光亮越少，如f/1、f/1.4、f/2、f/2.8、f/4、f/5.6、f/8、f/11、f/16、f/22等，前一挡是后一挡通光量的两倍（图1-1-20）。

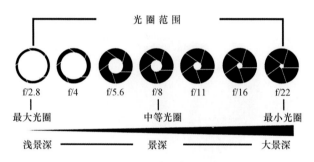

图1-1-20　光圈大小示意

④对焦调节装置——光圈上的对焦调节装置为对焦环。对焦时左右转动，使焦点平面上结成清晰影像。现代135单反照相机多为自动对焦（内置有超声波马达），同时设有手动（FM）和自动（AF）对焦转换钮。

⑤变焦调节装置——是变焦镜头上一种特有的装置，多为手动变焦，有推拉式和转环式两种系统。

⑥镜间快门——由多片极薄的金属片制成，装配在镜头的透镜组中间，与机身齿轮弹簧相连，用快门按钮操纵。一般多用于中画幅以上的照相机。

⑦自动对焦电动机——这是一些135单反照相机自动对焦镜头上独具的一种装置，有环形超声波电动机、微型超声波电动机、弧形电动机等。

2）镜头的焦距。镜头的焦距是指从焦点到镜头光圈之间的距离，用"f"表示，是摄影镜头最重要的特征之一，表示镜头对光线的折射能力，焦距越长折射能力越小。

焦距长短与成像的关系：焦距长短直接影响被摄体在感光片上成像的大小。在同一位置对同一被摄体拍摄，焦距越长成像越大，包括的景物范围越小；反之，焦距越短，成像越小，包括的景物范围越大。

焦距长短与视角的关系：焦距越长，视角越小；焦距越短，视角越大（图1-1-21）。

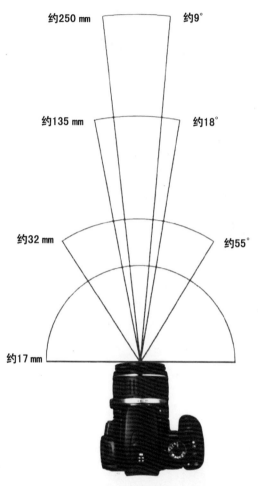

图1-1-21　镜头焦距与视角的关系

3）镜头的种类及性能。根据镜头的焦距长短和是否可变焦，一般可将镜头分为以下5种：

①标准镜头。标准镜头运用最广泛，其焦距长短与照相机所拍摄画幅的对角线长度有关，不同画幅的照相机其标准镜头的长短是不一样的。如135单反照相机画幅为24 mm×36 mm，所以标准镜头焦距为50 mm左右；120照相机画幅规格有多种，标准镜头焦距也不同（60 mm×45 mm为75 mm；60 mm×60 mm为90 mm；60 mm×70 mm为105 mm）。135APS数码单反照相机画幅为15.8 mm×23.6 mm，标准镜头的焦距为36 mm。由于标准镜头的视角为45°左右，所以，拍摄出的影像范围很接近人眼正常的视觉范围（图1-1-22）。

图1-1-22　佳能50 mm标准镜头

②广角镜头。广角镜头的焦距短于标准镜头，长鱼眼镜头。根据焦距长短可分为：

a.普通广角镜头：焦距长于超广角镜头，短于标准镜头。135照相机普通广角镜头焦距通常为28~40 mm；120照相机为50 mm左右；135APS数码单反照相机为18 mm左右。用普通广角镜头摄影成像会出现轻微变形。

b.超广角镜头：焦距长于鱼眼镜头，短于普通广角镜头。135照相机超广角镜头焦距通常为14~24 mm；120照相机为40 mm左右；135APS数码单反照相机为13 mm左右。用超广角镜头摄影成像会出现较明显的变形，因此，这种镜头很少用于人像摄影（图1-1-23）。

图1-1-23　佳能14 mm超广角镜头

③中焦镜头。中焦镜头焦距长于标准镜头，短于长焦镜头。135照相机中焦镜头焦距为70~135 mm；120照相机为150~300 mm。中焦镜头变形小，广泛运用于人像摄影，特别适用于证件标准照（图1-1-24）。

图1-1-24　尼康85 mm中焦镜头

④长焦镜头。长焦镜头的焦距长于中焦镜头。其根据焦距可分为：

a.普通长焦镜头：135单反照相机为200~400 mm；

b.超长焦镜头：135单反照相机为500 mm以上。

其特点为：对拍摄不能接近或不易接近的位于远处的被摄体十分有利，但景深小、空间透视效果较差。其适用于野外摄影（图1-1-25）。

图1-1-25　佳能400 mm长焦镜头

⑤变焦镜头。变焦镜头的焦距可在一定范围内改变。使用变焦镜头时，在地点和被摄对象不变的情况下，只要变换焦距，便可获得不同景别的照片。中画幅以上的照相机变焦镜头种类很少，在135单反胶片和数码照相机中，变焦镜头种类则很多，有广角变焦（12~24 mm）、标准变焦（25~70 mm）、中焦变焦（71~200 mm）、长焦变焦（201~400 mm）、广角至长焦变焦（28~350 mm）等（图1-1-26）。

图1-1-26　尼康标准变焦镜头

（2）机身。

大多数照相机机身由轻质金属或优质工程塑料制成，少数大型照相机由木质材料制成。它是照相机承载各种部件的载体，镜头、快门、取景器、测距器、自拍器、卷片和倒片机构、内置电子闪光灯、电子控制系统等都靠它连接在一起。其主要装置如下：

1）帘幕快门。帘幕快门又称焦平面快门，安装在机身后部，紧贴在镜头焦点平面处，在照相机内感光片或影像传感器的前面，通过帘幕裂口的移动来控制曝光时间。

2）快门按钮。快门按钮是用于控制快门开启的装置，使上紧的快门弦释放，带动快门叶片按预定速度运动，让感光材料曝光。快门按钮一般只具有开启快门功用，闭合时除B门、T门外，其余各级快门都是自动的。其释放方式有以下两种：

①机械控制释放——依靠较大的弹簧压力来控制快门的开启。无须电池供电。

②电磁控制释放——由电池供电释放，无电不能工作。进行电磁控制释放快门操作时会感到舒适、轻巧。

3）快门速度调节盘。快门速度调节盘是照相机上标示和调节快门速度的一种装置。多为圆盘状，一般在照相机顶部右手侧。除标有该照相机所有速度值外，有的还标有B（B门）、T（T门）等字样。现代照相机设有液晶显示资料屏，快门速度显示其上。快门速度调节一般不能调节至两级之间，但现代电子快门照相机可在液晶屏上做1/2级、1/3级调节。

需要注意的是，传统胶片照相机快门速度调节盘上标识的是快门速度分数的分母部分，如显示1 000，则表示1/1 000 sec，一秒以上则显示1 sec、2 sec、4 sec等。

4）取景器。取景器是照相机上用来取景、构图的装置。其主要有以下几种：

①同轴取景器——此取景器的取景与成像在同一光学主轴上，为135单反照相机所用取景器。取景、对焦、成像都是通过镜头来完成，无视差。

②旁轴取景器——依靠独立的物镜和目镜来完成取景，取景光学主轴在成像镜头光学主轴的旁侧，有视差。

5）对焦机构。现代照相机对焦机构分为自动对焦和非自动对焦两种：

①自动对焦机构——现代135胶片（数码）单反照相机和个别120照相机采用自动对焦机构。开启电源，半按快门，照相机的微电脑就能根据被摄体的距离，自动指令微型电机推动镜头前后伸缩，完成对焦。

②手动对焦机构——老式照相机都采用手动对焦。现代照相机除自动对焦外一般也设有手动对焦机构。其验证方式主要有磨砂玻璃屏验证方式、叠影验证方式、裂像验证方式、微棱角锥验证方式等。

6）闪光同步装置。闪光同步装置为在闪光照明拍摄时使照相机快门与闪光同时释放的装置，有插孔式和触点接触式两种。

7）自拍机构。自拍机构是照相机的一种延迟快门开启曝光的机构，延迟时间通常为10 sec左右。

8）多次曝光装置。多次曝光装置用于同一幅画面上进行两次以上的重复曝光。

9）液晶资料显示屏。液晶资料显示屏有大有小，为现代照相机上用于显示各种拍摄信息的液晶屏。

10）拍摄模式选择盘。现代照相机上的拍摄模式选择盘上主要有运动、近摄、风光、人像、全自动、程序自动、快门速度优先、光圈优先、手动曝光、自动景深控制等模式，使用时选择适当的模式就能拍出满意的照片。

11）内置闪光灯。内置闪光灯一般安置在照相机左前侧上部（袖珍式照相机）或机顶部（135单反照相机），有固定式和弹升式。内置闪光灯与照相机结为一体，携带方便，同时，具有低照度自动引闪、逆光补偿、防红眼等多种功能。

2. 胶片、数码照相机不同的主要装置

（1）胶片照相机独有的主要装置。

1）卷片与倒片机构。

①卷片装置——分为手动卷片装置和自动卷片装置两种。

②倒片装置——分为手动倒片装置和自动倒片装置两种。

2）后背。后背是照相机的最后面部分，为安装感光片的装置。按结构和用途分，后背主要有固定式后背、活动后背、特殊后背三种。

（2）数码照相机上独有的主要部件及功能。

1）主要部件。数码照相机上的影像传感器、A/D转换器、数字影像处理器、影像数据压缩器、影像存储器（卡）、彩色液晶显示器、输出控制单元等部件都是传统照相机上没有的。

①影像传感器——数码照相机的影像传感器的感光作用，相当于胶片照相机中的感光胶片。将照相机镜头接收到的光转换成模拟电信号。

②A/D转换器——A/D是模/数转换器的简称，其作用是将影像传感器产生的模拟电信号转换成数字电

信号，并将这种数字电信号传送到影像处理单元中。

③数字影像处理器——是数字照相机的系统核心部件之一，其主要功能是通过一系列的复杂数学运算，对数字信号进行优化处理，从而获得优质影像效果。

④影像数据压缩器——影像数据压缩器能有效节省存储空间。其可分为以下两种：

a.有损影像数据压缩：JPEG格式，以损伤影像质量为代价，文件体积小。

b.无损影像数据压缩：TIFF和GIF格式，不损伤影像质量，文件体积较大。

RAW格式为中高档数码照相机采用的格式，RAW格式是未经数码照相机电路加工的原始数据，保存了完整的影像信息。

⑤影像存储器卡——在数码照相机中起着保存所摄影像的作用。

⑥彩色液晶显示器——用于观看影像的电子彩色屏幕，可作拍摄取景、回放、菜单设置、信息资料显示等。

⑦功能调节盘——在照相机的背面，用于调节数码照相机的多种拍摄和功能操作。

⑧存储卡槽——安装影像存储卡的槽口。

⑨USB接口——允许拍摄的影像通过电缆线与电脑或打印机等设备连接。

2）主要功能。

①参数设置——对拍摄影像的参数进行详细的设置。

②影像删除——数码照相机的彩色液晶显示器，具有可预览、同步显示、重放影像的功能，能方便快捷地删除不合适的影像。

③格式化处理——使用新存储卡，应进行格式化处理，全部删除卡上信息也要格式化，现代数码照相机本身可进行格式化处理。

④质量模式选择——数码照相机有多种拍摄质量模式，如高级、精细、标准、基本等，一般选择宜高不宜低。

⑤数字变焦——将影像传感器上形成的影像加以插值放大，2倍数字变焦在一个像素的基础上插值为4个。数字变焦不能代替光学变焦功能。

（三）感光材料

1. 胶片摄影感光材料

胶片摄影感光材料主要有胶片（图1-1-27）和相纸（图1-1-28）两种。根据色彩不同又可分为黑白感光材料和彩色感光材料。

（1）黑白感光材料。黑白感光材料是以黑、灰、白不同深浅的影调来记录被摄体颜色的一种感光材料。其包括黑白胶片和黑白相纸两类。

图1-1-27 胶片

图1-1-28 相纸

（2）彩色感光材料。彩色感光材料是供彩色摄影的感光材料，有彩色胶片和相纸两类。

2. 数码摄影的感光材料及配套器件

（1）影像传感器。数码照相机用影像传感器感受光影信息而获得影像。其中的最小单元为像素，由一个光电二极管和相应的控制电路组成，光电二极管接受被摄体明暗变化的光信息，完成光影信息的数字化。目前常用的影像传感器主要有CCD影像传感器（图1-1-29）、CMOS影像传感器（图1-1-30）等。

图1-1-29 尼康D2X用CCD影像传感器

（2）数码影像处理器。数码影像处理器是数码照相机的"心脏"。其对数码影像信号进行优化处理，最终影响成像质量。目前常用的数码影像处理器有佳能DIGIC V+数码影像处理器（图1-1-31）、尼康EXPEED 3处理器（图1-1-32）、富士RP自然影像处理器、索尼Bionz真实影像处理器等。

（3）影像存储卡。影像存储卡的作用为把数码照相机拍摄的影像记录并保存下来，目前主要有以下几种：

1）CF卡：CF卡为小型闪存卡的简称，质量轻、体积小、携带方便、兼容性好，是现在数码单反照相机的主流用卡（图1-1-33）。

2）SD卡：SD卡发展迅速，存储速度快，容量大（8~256 G），体积小，兼容性好，现已成为许多数码单反和袖珍照相机的主流存储设备（图1-1-34）。

3）记忆棒：记忆棒是索尼公司研发的一种存储卡，兼容性一般。

3. 数码影像传感器的尺寸

影响数码照相机拍摄质量的一个关键因素就是影像传感器的尺寸大小。在相同像素前提下，尺寸越大成像质量越好（影像传感器尺寸越大，每个像素单元的尺寸也越大；接受的光影信息越多，拍摄影像记录的信息就越丰富，影像被噪点等杂乱信号干扰就越小，成像质量也越好）。影像传感器的尺寸大小表达方式主要有以下两种（图1-1-35）：

（1）以影像传感器对角线的长度来表达。影像传感器长宽比为4：3（以数字袖珍照相机为主）。

1）1 in的影像传感器对角线长度为25.4 mm。

2）2/3 in的影像传感器对角线长度为16 mm。

3）1/2 in的影像传感器对角线长度为12.7 mm。

4）1/3 in的影像传感器对角线长度为8 mm。

（2）以长乘宽的表达式来表达。影像传感器长宽比为3：2（以135数码单反照相机为主）。

1）135全画幅尺寸为36 mm×24 mm（与传统135胶片画幅相同）。

2）APS-C画幅为22.5 mm×15 mm。

五、练习题

1. 分组熟悉照相机的结构。
2. 分组操作照相机的外部设备。

图1-1-30 佳能1Ds Mark Ⅲ用CMOS影像传感器

图1-1-31 佳能DIGIC V+数码影像处理器　图1-1-32 尼康EXPEED 3处理器

图1-1-33 CF卡

图1-1-34 SD卡

图1-1-35 几种典型图像传感器尺寸对比图

任务二 照相机的使用方法

本任务主要让学生熟悉如何正确操作照相机。通过完成任务，熟悉掌握照相机的基本操作步骤、持握方法和拍摄注意事项。

一、任务描述

任务描述如表1-2-1所示。

表1-2-1　任务描述表

任务名称	照相机的使用方法
一、任务目标	
1. 知识目标 （1）掌握数码照相机的基本操作步骤。 （2）了解数码照相机的持握方法。 （3）了解正确对焦的方法。 （4）了解数码照相机的维护与保养方法。 2. 能力目标 （1）能按正确的操作步骤使用数码照相机。 （2）学会持握数码照相机的方法。 （3）在拍摄时能正确对焦。 （4）熟识使用照相机的注意事项。 3. 素质目标 （1）培养良好的动手、动脑能力。 （2）培养学习新知识与技能的能力。 （3）培养正确使用照相机的技能	
二、任务内容	
（1）掌握数码照相机操作步骤。 （2）掌握数码照相机持握方法。 （3）学会正确对焦。 （4）了解数码照相机的维护与保养	
三、任务成果	
通过实践，掌握数码照相机的基本操作步骤和持握方法，并能正确对焦拍摄	
四、任务资源	
教学条件	（1）硬件条件：照相机、多媒体演示设备。 （2）软件条件：多媒体教学系统
教学资源	多媒体课件、教材、网络资源等
五、教学方法	
教法：任务驱动法、小组讨论法、案例教学法、讲授法、演示法。 学法：自主学习、小组讨论、查阅资料	

二、任务实施

1. 数码照相机的基本操作步骤

（1）安装电池（如经常在室内影棚拍摄，还可通过电源适配器用交流电为照相机持续供电）。

（2）插入存储卡。

（3）打开电源开关。

（4）对照相机进行基本设定。

1）设定影像品质。数码照相机一般有多种品质模式，应根据所拍摄影像的用途设定不同的品质。一般选择比实际需要更高的图像品质拍摄（品质宁高勿低，如条件允许最好用JPEG精细或RAW存储拍摄）。

2）设定影像尺寸。一般数码照相机中都有多种影像尺寸供选择，影像尺寸越大，照片的面积越大，图像包含的数据也就越多，能够表现的细节也越丰富，同时文件体积也越大。但为了保存更多的信息，如无特殊要求，一般选择照相机最大尺寸拍摄，为后期处理留有余地。

3）设定感光度。数码照相机最大的优势就是可根据被摄体的情况随时对ISO感光度进行设定。目前，单反数码照相机最大的感光度范围可达到ISO50～ISO204800。

数码照相机的感光度值沿用了胶片感光度的标识方法，它是控制感光元件对光线的感光敏锐度的量化参数。采用了国际统一的标准，用"ISO数字"表示。常见的感光度数值有50、100、200、400、800、1 600、3 200等，数值以倍数递进。数码单反照相机默认的感光度为ISO100，ISO100也是摄影师最常采用的感光度设置。

感光度的高低与所需的曝光量成反比，即感光度每增加一级，曝光量相应地减少一级。当感光度增加一挡时，数码单反感光元件对光线的敏锐程度也会加倍。在光圈相同的情况下，正常曝光所需的曝光时间将缩减一半，即快门速度快一挡。这对于无三脚架情况下的手持拍摄和需要定格运动主体瞬间形态的拍摄需求意义重大。但随着感光度的提高，影像质量会相应下降，这主要表现在噪点上。因此，在光线允许的情况下应尽可能用低感光度拍摄。

4）根据现场光调节白平衡。光源色温的不同常会造成拍摄的彩色影像偏色。通过调节白平衡功能可使色彩真实还原。调节方式有自动调节和手动调节两种。初学者可选AUTO白平衡，数码照相机的自动白平衡感应器能自动识别这种色温差别，进行调整，输出色彩较为准确的照片。手动选择时一般选择和现

场光线相一致的白平衡即可。

如果想得到同一场景下不同白平衡设置的画面效果，拍摄者可以选择采用RAW格式进行拍摄，这样在后期处理中可在不影响照片素质的情况下轻易改变画面色调。

5）选择曝光模式。选择曝光模式即根据不同的被摄体、不同的光照条件选用不同的曝光模式。初学者可选择AUTO、P程序模式，熟悉以后可选择光圈优先模式、速度优先模式、全手动模式。

6）拍摄模式的选择。

①单次拍摄：按下快门钮时，快门开启一次。其主要用于拍摄静止的对象。

②连续拍摄：按下快门钮时，快门可多次开启，多张曝光，直至松开快门。其主要用于拍摄运动的物体。

7）测光模式的选择。选择合适的测光模式对拍摄照片非常重要，一般照相机的测光模式都有平均测光模式、中央重点平均测光模式、点测光模式等。拍摄时如果选择的测光模式不合适，会严重影响拍摄的效果。具体内容将在后面进行详细讲解。

（5）构图取景。数码照相机的取景除可通过取景器进行取景外（多为单反照相机、部分袖珍照相机），还可用彩色液晶显示屏取景（多为袖珍照相机，现在大部分单反照相机也有此功能）。

（6）对焦。为使被摄体在焦平面上成像清晰，必须进行对焦。一般单反照相机的对焦模式有自动伺服自动对焦（半按快门照相机根据拍摄对象的状态智能选择应用单次对焦还是连续对焦模式）、单次伺服自动对焦（半按快门即可启动照相机进行自动对焦，焦点对准后不松开快门，即被锁定）、连续伺服自动对焦（半按快门在对被摄体对焦后还会继续工作，根据被摄体的移动继续对焦。这种自动对焦方式对拍摄运动体有利）、手动对焦（人工操作镜头上的对焦环，使被摄体在取景对焦屏上结成清晰影像）等多种。应根据拍摄对象的运动状态，选择合适的对焦模式。用照相机默认设置时，半按快门按钮即可对焦。

（7）拍摄。正确持握照相机，测光，锁定曝光，锁定焦点，构图，持续按下快门按钮，完成拍摄。

2. 数码照相机的持握方法

数码单反照相机的持握方法因人而异，多种多样（图1-2-1～图1-2-7），唯一的原则是保证拍摄时照相机的稳定。拍摄时持握照相机的方法一般有横幅拍摄法和竖幅拍摄法。

（1）横幅拍摄：左手掌心托住照相机，右手食指

按动快门，左手指握镜头，双臂夹紧，两脚前后略微分开。

（2）竖幅拍摄：单臂加紧，持握方法同横幅，眼眉贴紧照相机取景器进行拍摄。

要保证影像清晰，如果有条件，尽可能使用三脚架拍摄。

现代自动照相机一般都有防抖功能，有机身防抖和镜头防抖两种，但无论哪种防抖都不是万能的，练好持握照相机的基本功，善用环境及单反的优势实现稳定拍摄才是上策。

图1-2-1　横幅站立拍摄

图1-2-2　竖幅站立拍摄

图1-2-3　三脚架拍摄

图1-2-4　倚靠固定物拍摄

图1-2-5　单膝跪地拍摄

图1-2-6　卧姿肘部支撑拍摄

图1-2-7　坐姿肘部支撑拍摄

3. 按快门的方法

按快门时要轻柔、稳定。在按下快门的瞬间应尽量屏住呼吸，将食指第一节中间的部位按在快门上，以两段式按法来按快门，不然很有可能造成照相机晃动，拍出模糊的照片。

照相机的快门按键一般有两个键程，所谓两段式快门，就是先半按快门，启动照相机的对焦、测光系统（照相机默认设置），使其开始动作，然后再完全按下，快门便会进行操作，拍下照片。尤其是在按第二键程时一定要稳定、屏住呼吸。在按下快门后，仍须保持一会儿姿势，稍待快门关上，特别是在快门速度较慢时。

4. 使用和保养照相机的注意事项

（1）使用照相机时的一般注意事项。

1）轻拿轻放，否则会损坏照相机零部件。

2）保存照相机时应远离强磁场和强电场。

3）拍摄完毕，应及时关闭电源，盖好镜头盖，长期不用应取出电池。

4）防止照相机被摔、碰、摩擦、日晒。

5）保存照相机时应注意防潮、防腐蚀、防烘烤。

6）不要用坚硬或粗糙的物质擦拭照相机，特别是镜头、测光电眼、显示屏等部位。

7）不要触摸照相机电触点，如被腐蚀，可用干净柔软的棉布清除。

8）不要自行随意拆卸照相机，否则会造成更大的损害，特别是现代照相机，电路复杂，如发现问题，应送售后服务专修店修理。

（2）数码照相机的维护与保养。

1）插卡。选用与照相机相应的存储卡，确定照相机处在关闭状态才能插入；注意存储卡的方位；用力均匀，插卡到位；插入后要盖好舱盖，以免灰尘进入。

2）取卡。方法得当，不同照相机和存储卡的取卡方法不同，应阅读说明书；不能在数码照相机工作时取卡，否则有可能会失去卡上信息，甚至损坏存储卡；取出的卡应小心存放，不可摔碰。

3）勿对着强光拍摄。长时间对着强光拍摄，容易造成影像传感器（CCD、CMOS）的灼伤。

4）远离强磁场与强电场。数码照相机影像传感器对强磁场与强电场很敏感，轻者会影响成像质量，重者会引起照相机故障。

5）彩色液晶显示屏的保养。应注意防止屏幕被硬物刮花和受到重物挤压或摔碰。

三、任务检查

任务检查如表1-2-2所示。

表1-2-2　照相机的使用方法任务考核指标

任务名称	序号	任务内容	任务要求	任务标准	分值/分	得分
照相机的使用方法	1	数码照相机的基本操作步骤	掌握数码照相机的基本操作步骤	（1）熟练掌握数码照相机的基本操作步骤。（2）熟记各种基本功能参数的设置。（3）操作流程正确无误	30	
	2	数码照相机的持握方法	掌握数码照相机持握方法	（1）熟练掌握数码照相机的持握方法。（2）操作要点正确无误	30	
	3	正确对焦	学会正确对焦	熟练掌握对焦要领	20	
	4	数码照相机的维护与保养	知道数码照相机的维护与保养	掌握数码照相机的维护与保养方法	10	
	5	作业完成情况	按照任务描述提交相关文字作业	上交文字作业准时完备、正确	5	
	6	工作效率及职业操守	—	时间观念、学习的主动性及操作效率	5	

四、相关知识点准备

135数码单反照相机和传统照相机相比，按键增加了很多，主要是为了对照相机的常用功能进行快速设置，方便随时拍摄（图1-2-8和图1-2-9）。下面对一般数码单反照相机的主要按键和结构做一个简单说明（以尼康D3000为例）。

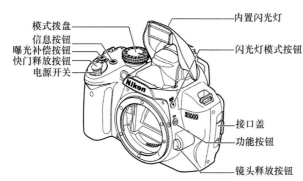

图1-2-8　数码单反照相机按键分布（正面）

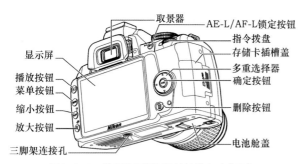

图1-2-9　数码单反照相机按键分布（背面）

（1）模式拨盘：通过模式拨盘可选择各种曝光模式，曝光模式主要有全自动模式（AUTO）、程序自动曝光（P）、光圈优先模式（A）、快门优先模式（S）、全手动模式（M）。具体内容将在后面的任务中进行详细讲解。

（2）电源开关：照相机的电源开关。

（3）快门释放按钮：快门释放开关，一般有两个键程，默认设置是半按快门为对焦锁定和测光，全按快门为快门帘幕释放。

（4）信息按钮：按下按钮，显示屏将会显示拍摄信息，包括光圈、快门速度、拍摄张数等。

（5）曝光补偿按钮：用于设置改变照相机建议曝光值，使照片更亮或更暗。

（6）闪光模式按钮：通过此按钮可以设置不同的闪光模式以拍摄不同的对象。

（7）功能按钮：通过此按钮可将自己习惯的一种功能设置在这个按钮上，方便快速操作。

（8）镜头释放按钮：按下此按钮可以卸下镜头。

（9）接口盖：打开接口盖，里面有视频输出接口、USB接口等。

（10）取景器：通过取景器可进行摄影取景拍摄。

（11）显示屏：是数码照相机非常重要的一个部件，通过它可进行查看设定、查看照片、全屏播放等操作。

（12）AE-L/AF-L锁定按钮：通过设定可以设置曝光锁定、对焦锁定、曝光对焦同时锁定。

（13）指令拨盘：显示屏显示信息时，指令拨盘可与其他控制按钮组合使用，以调整设定。

（14）存储卡插槽盖：打开存储卡插槽盖，可取出和插入存储卡。

（15）多重选择器、确定按钮：通过二者的组合可操作照相机菜单，具体设定照相机的功能。

（16）删除按钮：按下删除按钮可删除选中的照片或视频。

（17）电池舱盖：打开电池舱盖，可取出和插入电池。

（18）三脚架连接孔：通过此孔可将照相机与三脚架连接。

（19）播放按钮：按下此按钮可查看最近一次拍摄的照片。

（20）菜单按钮：大部分拍摄、播放及设定选项可以通过此按钮来设定。一般里面有播放、拍摄、设定、润饰、最近的设定等标签。

（21）缩小按钮：播放照片时可进行缩小操作。

（22）放大按钮：播放照片时可进行放大操作。

五、练习题

1. 熟悉、牢记数码照相机的基本操作步骤。
2. 掌握数码照相机的持握方法。
3. 掌握正确对焦和按动快门的要领。

全球最受欢迎的
十大数码相机品牌

18个细节，教你
延长相机的寿命

照相机拍摄基础

任务一　摄影曝光控制

本任务主要让学生了解摄影的基础曝光理论。通过完成任务，理解曝光控制的理论，学会有意识地对一幅作品进行曝光量的有效控制，为后期的深入学习和拍摄实践打好基础。

一、任务描述

任务描述如表2-1-1所示。

表2-1-1　任务描述表

任务名称	摄影曝光控制
一、任务目标	
1. 知识目标 （1）掌握摄影曝光的基础理论。 （2）了解摄影作品的曝光控制。 2. 能力目标 （1）熟悉曝光控制在摄影实践中的重要性。 （2）能够运用照相机中的不同曝光模式拍摄作品。 （3）能够在拍摄过程中正确运用曝光量控制摄影作品的拍摄效果。 3. 素质目标 （1）培养勤于思考、探究的能力。 （2）培养学习新知识与技能的能力。 （3）巩固正确、熟练使用照相机的能力	
二、任务内容	
（1）了解摄影曝光的基础理论，认识在照相机曝光过程中光圈与快门配合操作的重要性。 （2）掌握照相机当中的拍摄模式，运用不同的拍摄模式拍摄作品。 （3）学会用不同的曝光量表现不同的摄影作品	

续表

任务名称	摄影曝光控制
三、任务成果	
对照相机的曝光理论有较深入的了解，并能用不同的曝光模式拍摄作品，通过有意识地运用不同的曝光量反映作者对作品的理解	
四、任务资源	
教学条件	（1）硬件条件：照相机、多媒体演示设备、校园等。 （2）软件条件：多媒体教学系统
教学资源	多媒体课件、教材、网络资源等
五、教学方法	
教法：任务驱动法、小组讨论法、案例教学法、讲授法、演示法。 学法：自主学习、小组讨论、查阅资料	

二、任务实施

1. 做到正确曝光

前面已经了解照相机的基本结构，其中，控制到达感光介质（胶片或图像传感器）上光照度多少的最重要的两个部件是光圈和快门。另外，还要加上感光度的设定。掌握了这些，就可以控制到达感光介质上的光照度，完成所要的曝光设定。因此，光圈、快门、感光度是数码照相机控制曝光的三大要素。光圈控制光线通过的口径大小，快门控制曝光时间的长短，感光度则控制感光元件对光线的感光敏锐度。要做到正确曝光，只要对这三大因素进行有效的、适当的调节和控制即可。

2. 了解掌握照相机的不同曝光模式

现在的数码单反照相机，无论是专业的还是业余的，在照相机的主要部位一般都有曝光模式转盘（图2-1-1）。在转盘上有许多不同的曝光模式，根据不同的拍摄题材需要，选择一种合适的模式进行拍摄，可以取得事半功倍的效果。下面重点介绍一下它的使用方法（以尼康D3000照相机为例）。

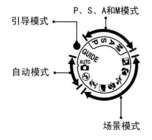

图2-1-1　曝光模式转盘

（1）引导模式。这是尼康公司针对其低端照相机设置的一种帮助模式，以帮助那些对照相机不太熟悉的拍摄者。使用者可以在屏幕引导帮助下拍摄和查看照片及调整设定，这是一个很人性化的模式。

（2）自动模式（AUTO）。这是照相机自动调整设定以实现简易拍摄的模式，即"傻瓜"全自动拍摄模式。自动曝光模式由照相机根据拍摄条件控制大多数设定，综合考虑选择最佳的快门速度、光圈值、感光度和闪光灯设置，拍摄者需要做的只是瞄准被摄物并按下快门。在光线充足的情况下，使用自动模式一般都会拍到曝光准确的照片。该模式适合对照相机不熟悉的摄影者使用。

（3）场景模式。照相机提供了多种"场景"供拍摄者选择。选择一种场景模式照相机会自动优化设定以适应所选场景。这是一种相对智能的自动曝光模式，照相机可自动根据所选场景优化设定，给出最佳曝光组合，方便初学者掌握。可选模式有人像、风景、儿童照、运动、近摄、夜间人像等。

1）人像。人像模式适用于拍摄肤色平滑自然的人像。当拍摄对象距离背景较远或使用远摄镜头时，背景细节将被柔化，使构图具有层次感。此模式下，照相机"认为"它将要拍摄的主体在画面前景，选择较浅的景深以保证对焦在人物身上时背景是模糊的。照相机可根据拍摄曝光量自动选择镜头的最大光圈，缩小景深，突出主体。人像模式在现场光线较暗的情况下，可能会强制闪光。

2）风景。风景模式适用于白天拍摄鲜艳的风景，此时，内置闪光灯和自动对焦辅助照明器关闭，照相机根据拍摄曝光量自动选择镜头的最小光圈与较慢的快门配合，以获得大景深，表现大场面。该模式下，一般建议使用三脚架辅助拍摄，以避免由于光线不足导致成像模糊。

3）儿童照。儿童照模式适合拍摄儿童快照，服饰和背景细节表现鲜明，肤色柔和自然。

4）运动。运动模式下，照相机根据拍摄曝光量自动选择高速快门以锁定动作来拍摄动态照片，突出主要拍摄对象，并采用连续自动对焦，此时内置闪光灯和自动对焦辅助照明器关闭。

5）近摄。近摄模式适用于花卉、昆虫和其他小物体的特写拍摄。近摄模式适合在明亮的环境中使用，它会设置较浅的景深，使焦点聚集在物体上。因此，在光线比较暗的时候，推荐使用三脚架以避免成像模糊。

6）夜间人像。夜间人像模式适用于在光线不足的情况下拍摄人像，使主要拍摄对象与背景之间达到自然平衡。为了拍摄到清晰的背景，光圈需要开得足够大以获得足够的光线。同时，需要开启闪光灯照亮人物面部，以避免低速的快门造成成像模糊。此模式下，推荐使用三脚架以避免背景模糊。

（4）P、S、A和M模式（创意模式）。对于专业摄影师而言或者拍摄一些有创意的题材时，全自动模式往往难以胜任要求，此时就需要用到这四种高级曝光模式。这些模式可以让拍摄者部分或全部控制照相机的设定。对照相机熟悉以后，拍摄者就可以选择这些模式进行拍摄。

1）P——程序自动模式：照相机自动选择快门速度和光圈值以适应拍摄主体的亮度，也可在不改变曝光量的同时手动改变光圈和快门的组合，以在大多数情况下获得最佳曝光，其他设定由用户控制。这种模式比较简单，拍摄一般题材（日常留影）时适用。另外，在这种模式下，可旋转拨盘选择快门速度和光圈的不同组合（"柔性程序"）。所有的曝光组合将产生同样的曝光量。与全自动模式相比，在程序自动模式下的照相机只自动设定了快门速度和光圈值，摄影者可随意设定自动对焦模式、测光模式和其他功能等，并且可进行程序偏移操作，在获得相同曝光的前提下选择不同的曝光组合进行拍摄，灵活性更大。

2）S——快门优先自动模式：摄影者根据拍摄意图先手动调节好快门速度值，照相机会根据所用的感光度和被摄体表面亮度，自动调定准确的光圈进行拍摄。根据拍摄题材，选择高速快门可以锁定动作，选择低速快门则可通过模糊移动的物体表现出动态效果。这种模式最适合拍摄和速度有关的拍摄题材，如运动的汽车、瀑布等。

3）A——光圈优先自动模式：摄影者根据拍摄意图先手动调节好光圈大小，照相机会根据所用的感光度和被摄体表面亮度，自动调定准确的快门时间进行拍摄。根据拍摄题材，选择大光圈减小景深以模糊背景细节，选择小光圈则增加景深以使主要拍摄对象和背景都清晰。这种模式最适合拍摄和景深有关的题材，如人像、风景、微距摄影等。

4）M——手动模式：严格意义上来说，P、S、A都是"半自动"曝光模式，拍摄者预先手动设置一个变量，照相机根据测得的曝光量自动设定另一变量。只有M挡才是完全由摄影师手动控制曝光的曝光模式。这种模式是拍摄者根据创作意图完全手动调整快门速度和光圈来进行有针对性的拍摄，拍摄难度较大。用户对照相机的曝光原理熟悉以后就可以选择这种模式拍摄出自己想要的影调照片（特殊创意影）。

3. 在不同的拍摄题材下选择合适的曝光模式进行摄影创作

当对照相机成像原理和曝光控制有一定了解后，在日常的拍摄实践中，运用最多的拍摄模式主要为A光圈优先和S快门优先。针对不同的题材选择光圈优先或快门优先，再加上曝光补偿的灵活运用，就可以拍出自己想要的理想作品。

（1）当拍摄和速度有关的题材时选择快门优先模式。快门优先模式会选择高速快门定格运动物体的瞬间状态（图2-1-2）。快门速度的最常见应用是定格运动物体的瞬间状态，根据被摄对象的运动速度调整快门速度，使曝光时间足够短就可以达到这种效果。一般单反照相机的快门速度为1/4 0000～1/8 000 sec，这个速度足以应对大部分拍摄情况。

图2-1-2　高速拍摄

选择低速快门表现运动物体的运动轨迹形态（图2-1-3）。拍摄运动物体时降低快门速度，通过慢速快门将拍摄对象的运动状态和轨迹呈现出来，画面中会出现动静对比的戏剧化效果。不过快门速度的设置很难准确把握，需要积累经验和不断尝试，并且一般需要有三脚架的辅助才能完成。

（2）当拍摄和景深（清晰范围）有关的题材时选择光圈优先模式。选择大光圈可突出主体，虚化前景和背景。光圈的大小除决定照相机的曝光量外，还有一项重要的作用，就是决定画面的景深。光圈大景深小，往往能产生浅景深的画面效果。如拍摄人物、微距等要突出主体的题材时，选择大光圈可使前景、背景虚化，进而突出主体（图2-1-4）。

选择小光圈可使画面前后都较为清晰。小光圈景深大，如在拍摄纪实、风景这类需要表现环境、用环境衬托主体或表现画面丰富细节的题材时，主体前后都要清晰，选择小光圈就可得到前后较为清晰的画面，较好地反映作品的主题（图2-1-5）。

（3）合理运用曝光补偿。在使用照相机的创意模式拍摄时，还需根据拍摄题材和画面影调的需求，合理运用照相机的曝光补偿功能。使用照相机的内测光系统进行测光时，照相机测光系统是按照18%中性灰进行测光设计的，所以，在拍摄不同色调的物体时，如果想要正确还原物体原来的色调，测光时还要考虑加以曝光补偿。例如，拍摄大面积是白色的场面，如果完全按照相机的内测光系统给出的参数曝光，白色的物体就有可能发灰，而不是物体本来的白色，这是由于照相机的测光系统在测光时，将白色的物体按照18%的中性灰对待造成的。此时，如果对曝光量进行补偿，增加一点曝光量，拍出的物体就是白色的了（图2-1-6和图2-1-7）。反之，在拍摄大面积是黑色的物体时，适当减少一点曝光量，黑色物体才能还原为正常的黑色（图2-1-8和图2-1-9）。

图2-1-3 低速拍摄

图2-1-4 大光圈拍摄

图2-1-5 小光圈拍摄

图2-1-6 正常曝光

图2-1-7 加曝光补偿1~2挡

图2-1-8 正常曝光

图2-1-9 减曝光补偿1~2挡

三、任务检查

任务检查如表2-1-2所示。

表2-1-2　摄影曝光控制任务考核指标

任务名称	序号	任务内容	任务要求	任务标准	分值/分	得分
摄影曝光控制	1	摄影曝光的基础理论	完成对摄影曝光基础理论的了解	能正确理解摄影曝光基础理论	10	
	2	照相机当中的拍摄模式	熟悉照相机的拍摄模式	（1）熟悉照相机模式转盘。（2）对不同的拍摄模式有较明确的认识	20	
	3	曝光模式的实践应用	基本掌握对不同的拍摄题材选用不同的曝光模式进行拍摄	独立完成不同题材实践作品的拍摄	50	
	4	作业完成情况	按照任务描述提交相关实践作品	按时上交符合要求的拍摄实践作品	15	
	5	工作效率及职业操守		时间观念、责任意识、团队合作、工作主动性及工作效率	5	

四、相关知识点准备

（一）摄影曝光基本理论

1. 摄影曝光

摄影曝光是指运用照相机光圈大小与快门速度的配合，使被摄体的反射光线通过镜头结像后形成影像。传统摄影的曝光，光线经过暗箱，最后到达胶片，使照相机内胶片感光乳剂在光化作用下产生潜影，获得影像信息；而数码摄影的曝光，光线经过暗箱后，影像传感器获得光电影像信息，通过图像处理器处理，存储在存储介质上。

2. 正确曝光

正确曝光含有准确曝光和拍摄时因艺术构思而需要的不准确曝光两方面。如果使被摄体在感光材料上获得影纹层次丰富、色彩还原准确的曝光，可称为准确曝光（图2-1-10）；但为了取得某种特殊艺术效果而有意识

地使曝光过度或曝光不足，这种不准确曝光也可理解为正确曝光（图2-1-11和图2-1-12）。

图2-1-11　有意识地使曝光不足

图2-1-10　准确曝光

图2-1-12　有意识地使曝光过度

（1）准确曝光。准确曝光是指感光材料所承受的曝光量恰到好处。被摄体影纹表现细致清晰，明部和暗部细节影纹表现较好；色彩还原真实、色调丰富。一般光照正常、光比不大的画面容易做到准确曝光（图2-1-13）。

（2）曝光不足。曝光不足是指感光材料所接受的曝光量显著少于正常曝光量。一般是暗部无影纹层次，反差低，照片影调灰暗，细节表现差；彩色照片的色彩偏暗，不明快，细节表现不好，色彩浓暗（图2-1-14）。

（3）曝光过度。曝光过度是指感光材料所接受的曝光量多于正常曝光量。一般是高光部无影纹层次，反差低，清晰度差，质感差；彩色照片色彩浅淡，偏色严重，细节表现不好，色彩浅淡不饱和（图2-1-15）。

图2-1-13　准确曝光

图2-1-14　曝光不足

图2-1-15　曝光过度

3. EV值

EV值即曝光指数，是表示曝光量相对等级的一种量制。在摄影上用于比较不同光圈与快门速度组合的实际曝光能力。这种组合被划分为相对等级，用EV值表示（表2-1-3）。表中，EV=$x+y$。

表2-1-3　光圈系数与快门速度指数速查表（ISO100）

f/	1	1.4	2	2.8	4	5.6	8	11	16	22	32	45
x	0	1	2	3	4	5	6	7	8	9	10	11
y	0	1	2	3	4	5	6	7	8	9	10	11
T	1	1/2	1/4	1/8	1/15	1/30	1/60	1/125	1/250	1/500	1/1000	1/2000

（二）测光方法及测光模式的运用

1. 测光方法

测光方法是获得正确曝光的一个十分重要的条件。外置测光表和很多现代照相机所具有的内测光功能，为准确曝光提供了物质条件，但如果测光方法不对，仍旧不能获得准确曝光。

测光表有入射式和反射式两种，影室当中常用的外置测光表主要运用的是入射式测光法测光（现在的大多数外置测光表也可以设定为反射式测光法测光），我们所用照相机的内置测光系统都是反射式测光法测光。反射式测光表的测光方法主要有机位测光法、近距离测光法、替代测光法、灰卡测光法等。

2. 常用测光模式的运用

现代照相机的内置测光系统通常都有平均测光、中央重点测光、点测光等模式，在拍摄曝光时可根据拍摄对象选择照相机上的不同测光模式测光。

（1）平均测光模式。此模式能测量被摄体整个像平面的平均亮度值，适用于对明暗差别不大的被摄体，或被摄体占画面的大部分面积的测光，是最常用的测光模式，广泛用于从风景到抓拍的多种场景。而当被摄体处在逆光等大反差照明下时，若采用平均测光，应根据实际情况做适当的曝光补偿（图2-1-16和图2-1-17）。

（2）中央重点平均测光模式。此模式重点测量画面中心区域内被摄体的反射光，其次测量重点范围以外区域的平均反射光。其适用于被摄体处在画面中心的场景，按其测光值曝光，能使主体获得丰富的影纹层次和真实的色彩再现（图2-1-18和图2-1-19）。

（3）点测光模式。此模式测光角通常为1°～3°（约占取景器面积的2.5%）。能在较远的拍摄点测量被摄体某一小局部的反射光。由于测光角度很小，测光时应对准被摄体的主要部位，以获得这一局部的精确曝光。可用于强烈逆光下希望仅对人物面部亮度进行测光的场景（图2-1-20和图2-1-21）。

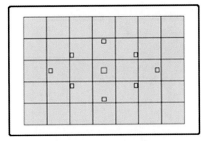

图2-1-16　平均测光

图2-1-17　平均测光模式

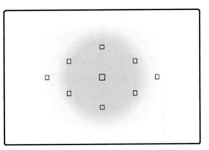

图2-1-18　中央重点平均测光

图2-1-19　中央重点平均测光模式

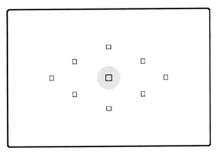

图2-1-20　点测光

图2-1-21　点测光模式

（三）　自动曝光锁定与曝光补偿

自动曝光的测光方式有多种，但无论哪种测光方式，都难以适合所有的拍摄对象，即采用哪一种测光方式都可能造成曝光失误，为了解决这一问题，现代照相机上设有曝光锁定和曝光补偿装置。

（1）曝光锁定功能。在默认设置下，现代照相机通常采用半按快门即可将已测定的曝光锁定，此时可重新构图拍摄，曝光值不变。在单反照相机上，一般还有一个曝光锁定键和对焦锁定键（AE-L/AF-L），这样，就可以分别定义曝光锁定键锁定曝光、半按快门锁定对焦，使拍摄更为便利。

（2）曝光补偿功能。在拍摄中，摄影者为了达到某种画面影调效果，会使用曝光补偿功能，在照相机正常测光模式测光的基础上增加或减少曝光量，使测光值得以修正。补偿值的多少由拍摄者依经验而定。曝光补偿范围一般为±2EV，大的有±（3～5）EV；步长可调，有1/3EV、1/2EV、1EV等。一般曝光补偿的规律是：白加黑减（如在平均测光模式下，主体处在逆光或深色主体处在大面积的浅色背景中，增加曝光量；浅色主体处在正面光下，而背景又是大面积的深色时，减少曝光量）。具体操作为：按住曝光补偿键，转动指令拨盘做加减补偿操作（以尼康D3000为例）。

（四）数码摄影的曝光控制

根据目前的技术条件，数码影像传感器的曝光宽容度接近彩色反转片，过黑部分（曝光不足）的数据和过白部分（曝光过度）的数据可能在后期处理中无法修复（虽可做一些校正，但影像质量也会下降很多）。同时，其色域空间也较为复杂，如果在拍摄中曝光不准，会直接影响图片的清晰度和层次，而且不能很好地再现被拍摄体的色彩。所以，在拍摄中曝光一定要准确，不要依赖后期处理。要想获得准确的曝光，应掌握好以下环节。

1. 注意设定感光度

数码照相机的感光度指的是影像传感器的感光灵敏度。其是衡量影像传感器感光灵敏度高低的一项重要指标。其原理简单地说，就是影像传感器通过信号放大电路将有效电荷信号放大的同时，也会将干扰信号一起放大，这就是通常所说的噪点。随着感光度的提升，照片噪点不仅增多，同时，画面的细节锐度、色彩饱和度、色彩偏差、画面层次和画面反差都会受到严重的影响。数码摄影的感光度可根据摄影需要灵活调节。感光度越高，曝光宽容度越大，分辨力越低，噪点也会越严重。因此，在光照条件允许的情况下，应尽可能选低感光度拍摄。

2. 选择恰当的曝光模式

在拍摄作品时，应根据不同的被摄体、不同的光照条件和不同的创意需要选用不同的曝光模式进行拍摄。

3. 调节好白平衡

一个物体反射出来的光的颜色会因光源的不同而不同，这就是色温的差别。数码照相机的白平衡感应器能自动识别这种色温差别，进行调整，输出色彩较为准确的照片，但要获得精准色彩的优质照片，很多时候应根据光源色温境况手动预设白平衡（特别在复杂光源下，数码照相机的自动白平衡感应器常常会失效）。

4. 浏览直方图

浏览直方图是获得数码摄影准确曝光的秘诀（图2-1-22）。摄影者应养成浏览照相机显示屏中照片直方图的习惯。直方图中的坐标图形是数码影像的色调曲线，表示构成数码影像的色调分布状况。其中，横轴方向是一个256级灰度

标：左端为0，中间为127，右端为255；纵轴方向显示了构成各色调的像素，线越向上表示（在此明度级上）像素信息越多。如果曲线偏向一边，表示曝光不准确，应补偿曝光（除有意识为之）（图2-1-23和图2-1-24）。

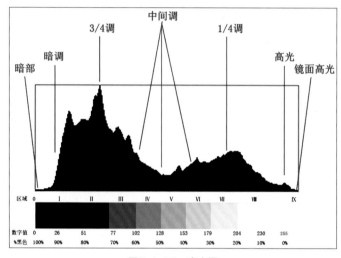

图2-1-22　直方图

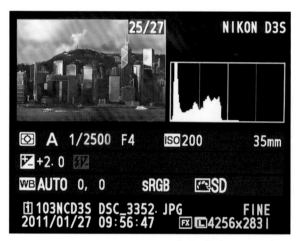

图2-1-23　曝光不足直方图显示

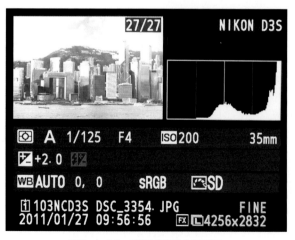

图2-1-24　曝光过度直方图显示

五、练习题

1. 分组熟悉照相机的拍摄模式。
2. 针对不同的拍摄题材选择合适的曝光模式。
3. 分组操作照相机，选用不同的曝光模式对不同的题材进行拍摄。

任务二　影响景深的三要素

本任务主要让学生了解摄影中景深的概念和影响景深的三要素。通过完成任务，较熟练地掌握景深在实际拍摄中的重要性。

一、任务描述

任务描述如表2-2-1所示。

表2-2-1　任务描述表

任务名称	影响景深三要素
一、任务目标	
1. 知识目标	
（1）了解摄影中景深的概念和作用。	
（2）掌握影响景深的三大要素。	
（3）基本掌握在实际拍摄中正确运用景深原理完成作品拍摄的方法。	
2. 能力目标	
（1）熟知摄影中的景深概念和作用。	
（2）熟知影响景深的三大要素。	
（3）在拍摄时能正确运用景深原理完成不同题材的拍摄任务。	
3. 素质目标	
（1）培养良好的动手、动脑能力。	
（2）培养学习新知识与技能的能力。	
（3）巩固培养正确、熟练使用照相机的能力	
二、任务内容	
（1）熟悉摄影中景深的概念和作用。	
（2）熟悉影响景深的三大要素并进行实际拍摄实践。	
（3）在实际拍摄中运用景深原理完成大景深和小景深作品的拍摄	
三、任务成果	
通过实践，深刻了解景深在摄影中的重要性和影响景深的三要素；在今后的实际拍摄中熟练运用景深控制画面效果	
四、任务资源	
教学条件	（1）硬件条件：照相机、多媒体演示设备、校园、市内公园等。 （2）软件条件：多媒体教学系统
教学资源	多媒体课件、教材、网络资源等
五、教学方法	
教法：任务驱动法、小组讨论法、案例教学法、讲授法、演示法。	
学法：自主学习、小组讨论、查阅资料	

二、任务实施

1. 了解摄影中景深的概念

景深是指照相机对焦点前后相对清晰的成像范围。从摄影光学的理论上说，当摄影镜头对焦于被摄体的某一点上，只有这一点才能在焦平面（感光胶片或影像感应器所在位置）上结成清晰的影像。但由于分散圈的存在，在对焦点前后一定范围内的被摄体上，也能结成较为清晰的影像。这种在对焦点前后景物较为清晰的范围，即景深（图2-2-1）。

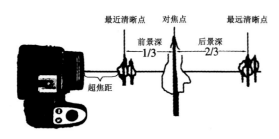

图2-2-1 景深示意

其中：

（1）前景深——从对焦点至镜头前的最近清晰点；约为全景深的1/3。

（2）后景深——从对焦点至后面的最远清晰点；约为全景深的2/3。

（3）全景深——前景深与后景深之和。

2. 了解影响景深的三大要素

（1）光圈大小对景深的影响。景深随着镜头光圈口径大小的改变而改变。规律：镜头光圈口径越大，景深越小（虚化背景，突出主体）；镜头光圈口径越小，景深越大（背景清晰，交待环境）。

（2）镜头焦距的长短对景深的影响。景深随着镜头焦距长短的改变而改变。规律：镜头焦距越长，景深越短（压缩景物之间的空间纵深距离）；镜头焦距越短，景深越长（夸大景物之间的空间纵深距离）。

（3）不同拍摄距离对景深的影响。拍摄距离与景深成正比。规律：拍摄距离越远，景深越大（夸大景物之间的空间纵深距离）；拍摄距离越近，景深越小（压缩景物之间的空间纵深距离）。

3. 具体实践拍摄中影响景深的三大要素

（1）镜头焦距、拍摄距离不变，光圈变化。焦距50 mm，拍摄距离0.5 m时，不同光圈拍摄的效果如图2-2-2和图2-2-3所示。

（2）光圈、拍摄距离不变，焦距变化。光圈f/5.6，拍摄距离0.5 m时，不同镜头焦距拍摄的效果如图2-2-4和图2-2-5所示。

（3）光圈、镜头焦距不变，拍摄距离变化。光圈f/5.6，镜头焦距50 mm时，不同拍摄距离拍摄的效果如图2-2-6和图2-2-7所示。

综上可知，影响景深的三大要素，既可以单项运用，也可以综合运用，旨在适应不同的摄影场合的需要，取得最大或最小的景深效果（图2-2-8和图2-2-9）。

4. 小景深和大景深的作品实例

（1）小景深作品拍摄实例如图2-2-10所示。

（2）大景深作品拍摄实例如图2-2-11所示。

图2-2-2 光圈f/5.6

图2-2-3 光圈f/16

图2-2-4 焦距18 mm

图2-2-5 焦距50 mm

图2-2-6　拍摄距离0.5 m

图2-2-7　拍摄距离2 m

图2-2-8　大景深（18 mm
f/16　2 m）

图2-2-9　小景深（55 mm
f/5.6　0.3 m）

拍摄样片参数：
照相机：尼康D3000
镜头：尼克尔AF-S DX 18～55 mm f/3.5～5.6G VR
焦距：55 mm
曝光模式：A
光圈：f5.6
快门：1/250 sec
测光模式：点测光
ISO：100
曝光补偿：−1/3EV
白平衡：Auto

图2-2-10　样片

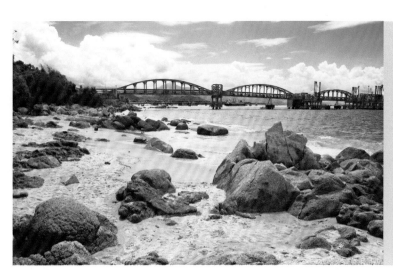

拍摄样片参数：
照相机：尼康D3000
镜头：尼克尔AF-S DX 18～55 mm f/3.5～5.6G VR
焦距：18 mm
曝光模式：A
光圈：f22
快门：1/125 sec
测光模式：点测光
ISO：100
曝光补偿：−1EV
白平衡：Auto

图2-2-11　样片

三、任务检查

任务检查如表2-2-2所示。

表2-2-2　影响景深三要素任务考核指标

任务名称	序号	任务内容	任务要求	任务标准	分值/分	得分
影响景深三要素	1	摄影中景深的概念	了解摄影中景深的概念和作用	熟知并正确理解景深的概念和作用	10	
	2	影响景深的三大要素	掌握影响景深的三大要素	熟记影响景深的三大要素	20	
	3	运用景深原理完成作品拍摄	基本掌握在实际拍摄中正确运用景深原理完成作品拍摄的方法	（1）完成不同光圈、镜头焦距、拍摄距离的实验作品拍摄。（2）焦点清晰，曝光适当	50	
	4	作业完成情况	按照任务描述提交相关拍摄作品	按时上交符合要求的拍摄实践作品	15	
	5	工作效率及职业操守	—	时间观念、团队合作意识、学习的主动性及操作效率	5	

四、相关知识点准备

（一）景深的相关概念

景深是摄影当中非常重要的概念，掌握了景深的概念对在实际拍摄过程中有很大的指导作用。为了对景深有进一步的认识，下面简单介绍一下相关知识点。

1. 焦点

与光轴平行的光线射入凸透镜时，理想的镜头应该是所有的光线聚集在一点后，再以锥状扩散开来，这个聚集所有光线的点，就叫作焦点（图2-2-12）。

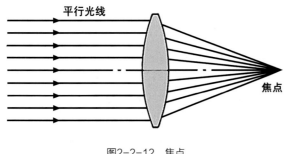

图2-2-12　焦点

2. 焦距

焦距也称为焦长，是光学系统中衡量光的聚集或发散的度量方式，是指从透镜中心到光聚集的焦点的距离。也就是照相机中，从镜片光学中心到底片、CCD或CMOS等成像平面的距离。具有短焦距的光学系统比具有长焦距的光学系统有更优秀的聚光能力。

一般认为，焦距就是透镜中心到焦点的距离，但这仅仅适用于单片薄透镜的情况。由于照相机的镜头都是由许多片透镜组合而成的，因此，情况远不是那么简单。

焦距固定的镜头，即定焦镜头；焦距可以调节变化的镜头，称为变焦镜头。

3. 焦深

焦深是指在保持影像较为清晰的前提下，焦点（焦平面）沿着镜头光轴所允许移动的距离。景深和焦深分别说明物方和像方结像清晰的纵深范围，二者成共轭关系。景深长，焦深就长；景深短，焦深就短。景深范围可以由焦深范围来表示（图2-2-13）。

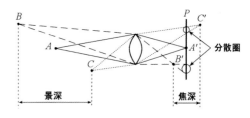

图2-2-13　景深、焦深与分散圈

4. 分散圈

形成景深和焦深的依据，关键在于分散圈。分散圈也称模糊圈。根据透镜成像原理，一定物点只能在一定像点结像清晰。从几何光学来看，光束通过几何汇聚，像一个锥体似的向一点集中。它的边周由大到小逐渐汇聚相交于一点，然后又从该点沿直线继续向外扩展。其相交的一点是像点，逐渐聚拢和扩展的光锥界面就叫作分散圈或模糊圈。

按照人们一般习惯看照片的视线距离，对于任何直径小于0.1 mm的分散圈，眼睛是无法分辨出来的，这些分散圈都可以当作几何点（像点）来看待。因为位于像点前后一定距离内的分散圈直径都小于0.1 mm，所以这些范围内的影像看起来都很清晰。对于拍摄来说，这就是允许的分散圈。

5. 超焦距

一般所说的景深，都是指有限距离上的清晰范围，而超焦距是同无限远联系在一起的，即将最远清晰点的景深后界推向无限远。所以，应用超焦距原理是扩大景深的一种特殊方法。

当摄影镜头的焦点聚向无限远（∞）时，位于无限远处的被摄体能在照相机的焦平面上结成清晰的影像，但在镜头前的一个有限距离上的被摄体也能在焦平面上结成较为清晰的影像，最低清晰度的最近景深界限的位置为最近清晰点，从这一点至摄影镜头之间的距离，即超焦距（超焦点距离）（图2-2-14）。

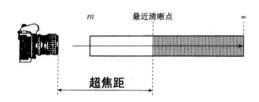

图2-2-14　超焦距（图中影线表示景深）

超焦距不是一个固定不变的值，它随着所用光圈大小的不同和镜头焦距长短的不同而变化。

6. 景深表

当拍摄一张照片时，若想取得一定距离之内的景物影像都清晰的预期效果，就必须了解和掌握实际的景深范围，现在的数码单反照相机一般都有景深预视功能，按相关的按钮就可以通过取景器看到大致的景深效果，而早期的手动照相机没有此功能，但镜头上都有光圈环，并且通过在镜头上的景深刻度就可以大概了解景深距离了（图2-2-15）。

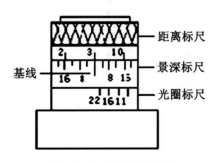

图2-2-15　镜头景深刻度表

（二）景深的实用价值

景深是摄影技术的一部分。将这种技术手段应用到摄影造型上，对于拍好一张照片有着非常重要的作用。在摄影实践中，景深的实用价值主要体现在以下几个方面。

1. 用大景深表现景物的深度

被摄对象一般都具有三度空间，在摄影造型上要将景物的这种立体形态（指景物的纵深长度）表现出来，必须应用景深。特别是拍摄秀丽山川、宏伟建筑和众多人物等宏大场面时，皆宜采用大景深。假如要把景物的景深后界延伸到无限远，则可以应用超焦距原理来拍摄。

2. 用小景深突出主体

在拍摄某景物时，如果要让主体部分得到突出表现，可以尽量缩小景深，仅保证主体清晰，使主体的前后景物显得模糊。利用虚实对比也能给人以空间深度感，同时，还可削弱杂乱背景对画面的不良影响。在用小景深突出主体时，调焦必须准确，稍有失误，便极易导致主体影像不清晰的严重后果。

3. 用景深代替调焦

在早期的手动对焦时代，抓拍运动对象时，调焦是一件不容易的事，有时甚至是不可能的。因此，通常的做法是用景深来控制清晰范围，只要运动物体在景深所控制的范围之内时按动快门按钮，就不致发生影像模糊的现象。尽管它对抓拍动体有非常实用的价值，但是不宜用它来应付一切被摄对象，要防止滥用。它在影像的清晰度上毕竟存在着差别。因此，凡是在能够用正常的调焦来拍摄的场合，原则上不该放弃调焦的机会，要重视调焦的重要性。

五、练习题

1. 熟悉景深的概念和影响景深的三要素。
2. 学会运用不同的景深拍摄不同题材的作品。

摄影曝光及控制　　　景深的控制方法

项目三

风光、花卉摄影

本任务主要让学生了解一般风光摄影拍摄的技巧。通过完成任务，了解一般风光摄影拍摄要注意的问题和要求，熟悉一般风光摄影拍摄的流程和步骤。

一、任务描述

任务描述如表3-1-1所示。

表3-1-1　任务描述表

任务名称	一般风光摄影
一、任务目标	

1. 知识目标

（1）熟悉一般风光摄影要注意的问题和要求。

（2）了解一般风光摄影作品拍摄的流程。

2. 能力目标

（1）熟悉一般风光摄影的曝光参数设置。

（2）能够运用照相机拍摄出符合要求的一般风光摄影作品。

（3）能够在拍摄过程中根据自己的创意拍摄出不同影调的风光摄影作品。

3. 素质目标

（1）培养勤于思考、探究的能力。

（2）培养学习新知识与技能的能力。

（3）巩固、培养正确、熟练使用照相机和附件的能力

任务名称	一般风光摄影
二、任务内容	
（1）了解一般风光摄影拍摄要注意的问题和要求。 （2）掌握一般风光摄影的拍摄步骤，按流程拍摄出符合要求的一般风光摄影作品。 （3）学会用不同的曝光表现不同的风光摄影作品	
三、任务成果	
对一般风光摄影要注意的问题有较深入的了解，能顺利完成一般风光摄影作品的拍摄，并通过创意思维拍摄出不同影调的风光作品	
四、任务资源	
教学条件	（1）硬件条件：照相机、多媒体演示设备、市内公园等。 （2）软件条件：多媒体教学系统
教学资源	多媒体课件、教材、网络资源等
五、教学方法	
教法：任务驱动法、小组讨论法、案例教学法、讲授法、演示法。 学法：自主学习、小组讨论、查阅资料	

二、任务实施

1. 一般风光摄影拍摄要注意的问题和基本要求

（1）了解当地天气情况。如一些民间谚语"早霞阴，晚霞晴"，了解天气对拍摄时机的把握很重要。

（2）摄影器材的选择和准备。照相机一般选择135数码单反机身。镜头选择带广角端的标准变焦镜头（广角定焦镜头成像效果更好）。长焦镜头在拍摄一些小品风光时也会用到。

三脚架在风光拍摄中非常重要。因为风光摄影的具体特点，拍摄时一般选择小光圈和低感光度，快门速度较慢，使用三脚架可有效地提高照片的清晰度。另外，快门线、偏振镜、中灰滤镜在拍摄时也会经常用到。最后，外出拍摄准备好备用电池和存储卡也是十分必要的。

（3）选好拍摄地点。如要拍日出等景色，天亮之前就要到达拍摄地点（如果到一个陌生的地方去拍摄，事先前一天实地踩点是很有必要的），到达拍摄地点后支好三脚架，架好照相机准备拍摄。

（4）选景构图。根据拍摄创意，按照构图的基本法则进行构图，"九宫格"构图法较为常用。

（5）抓好拍摄时机。风景摄影用的是自然光，自然光不能人为控制，只能选择或者等待拍摄时机。由于自然天气变化多端，善于捕捉瞬息万变的光线非常重要。像日出、日落这样的场景更是如此。

（6）数码照相机的白平衡设定。数码照相机白平衡的选择就像传统摄影中选择不同种类的胶片一样，选择设置合适的白平衡对拍摄作品的色调效果有很大的影响作用。一般选择的白平衡和现场的光线一致即可，如在阳光照射的环境下就选"直射阳光"白平衡。有时为获取特殊色调，可选择其他白平衡设置，一般会取得意想不到的画面效果。

（7）准确的曝光。对照相机的曝光参数进行细致的设置，精确测光是保证曝光准确的前提。其实，准确曝光是一个相对的概念，一张传统意义上准确曝光的照片一般是指感光媒介上所承受的曝光量恰到好处，被摄体影纹层次表现细致清晰，明部和暗部细节影纹表现好，色彩还原真实、色调丰富。但有时我们为了取得某种特殊艺术效果，会进行有意识的曝光过度或曝光不足，这也可称为正确曝光。

一般选择曝光模式为光圈优先模式（A）。由于风光摄影的特点，要保证画面有很大的景深，一般选择较小的光圈，照相机自动选择速度值；测光模式可选择中央重点测光或点测光，如果有一定的经验，拍摄日出、日落等光比大的场景时，选择点测光方式可能更方便；曝光补偿设置可根据拍摄意图适当进行加减挡操作，或根据试拍结果进行参数调整。

（8）保护好照相器材。由于自然环境变化多端，空气湿度、温度等对照相机的影响比较大。如在海边、水边拍摄要注意防水，沙尘多的地方要注意防尘，寒冷的地方要注意防冻，注意不要将照相机长时间暴露在外面，最好藏在大衣里保暖，拍摄完进入室内之前要把照相机收拾好，到室内后不要急于打开照相机，过一两小时等照相机和室温保持一致后再打开，这样可避免照相机镜头起雾。

（9）注意人身安全。由于风光摄影的特殊性，有时要到人烟稀少的地方拍摄，有时要早出晚归，人身安全很重要，一定要结伴而行。

2. 一般风光摄影的拍摄流程、步骤

（1）选择好地点，支好三脚架，架好照相机准备拍摄。

（2）对照相机主要参数进行详细设定。

1）影像品质：选择JPEG精细或RAW+JPEG模式，保证照片的较高质量，尤其是选择RAW格式拍摄，可为后期调整提供更大的空间。

2）影像尺寸：选择最大尺寸，为后期调整留有余地。

3）焦距：一般情况可选择广角端拍摄，有时则根据构图需要而定。

4）白平衡：根据现场环境选择适合的白平衡。也可尝试选择其他白平衡设置，获得想要的色调效果。

5）感光度：根据环境亮度尽量选择低感光度拍摄（如ISO100），如此可有效降低画面伪色（噪点）对照片质量的影响。

6）AF区域对焦模式：一般选择中央单点对焦比

较方便。

7）测光：一般选择中央重点测光或点测光。有一定拍摄经验者建议使用点测光，更方便。

8）曝光模式：一般选择光圈优先模式（A）+曝光补偿进行拍摄，拍摄者先选择较小的光圈（f11~22），照相机自动选择快门速度，再根据拍摄意图进行曝光补偿的加减挡设置。如果有一定的拍摄经验，也可选择全手动模式（M）进行拍摄。

（3）构图。根据自己的拍摄意图和摄影构图的一般规律进行合理构图。

（4）对焦拍摄。半按快门按钮对焦（或快门线按钮）并测光。风光摄影的对焦点一般选择在无限远处，这样可获得很大的景深。然后按住曝光锁定按钮（AE-L）锁定曝光，屏住呼吸，持续按下快门按钮完成拍摄。

（5）可尝试用不同的设置和不同的曝光组合进行拍摄，比较不同的拍摄效果。

（6）拍摄完成后，仔细收拾摄影器材。

3. 拍摄样片分析

秋天色彩斑斓，是拍摄风光的好时机。拍摄时间多选择在上午或下午。当光线照射到林间的树梢上时，为了表现光影效果，可对较亮的树梢测光并聚焦，减一挡曝光量进行拍摄（图3-1-1）。

拍摄样片参数：

照相机：尼康D3000

镜头：尼克尔AF-S DX 18~55 mm f/3.5~5.6G VR

焦距：40 mm

曝光模式：A

光圈：f16

快门：1/125 sec

测光模式：点测光

ISO：100

曝光补偿：-1EV

白平衡：Auto

图3-1-1　样片

三、任务检查

任务检查如表3-1-2所示。

表3-1-2　一般风光摄影任务考核指标

任务名称	序号	任务内容	任务要求	任务标准	分值/分	得分
一般风光摄影	1	一般风光摄影拍摄要注意的问题和要求	完成对一般风光摄影要注意的问题和要求的了解	能正确理解一般风光摄影的主要问题和基本要求	10	

任务名称	序号	任务内容	任务要求	任务标准	分值/分	得分
一般风光摄影	2	一般风光摄影的拍摄步骤	熟悉一般风光摄影的拍摄步骤	在风光摄影实践中掌握并熟练应用拍摄流程	20	
	3	作品拍摄	完成一般风光摄影作品的拍摄	能独立完成一般风光摄影作品的拍摄。曝光合理、构图完整、景深适当	50	
	4	作业完成情况	按照任务描述提交相关实践作品	按时上交符合要求的拍摄实践作品	15	
	5	工作效率及职业操守	——	时间观念、责任意识、团队合作、学习主动性及工作效率	5	

四、相关知识点准备

(一)风光摄影中的用光

风光摄影中的光线当然是自然光,自然光有它自己的特点。

1. 自然光的特点

自然光是指无云、雾遮挡的晴天直射的太阳光,被云、雾遮挡的阴天、雨天、雪天的散射光,早、晚太阳处在地平线以下的天空光。自然光的强度、方向、光质不能由摄影者调控,只能选择或等待。

2. 自然光的变化效果

(1)早、晚日光的效果(通常说的最佳摄影时机)。此时,阳光对地面景物的照射角度低,被摄体的垂直面被大面积照亮,影子很长;太阳需透过很厚的大气层,光线柔和;早、晚的晨雾和暮霭使空气透视效果强烈,在逆光下,这一特点突出(在此光线下拍摄照片,影调柔和、浓淡相宜、虚实相生、层次丰富、透视感强)。

(2)上午和下午的日光效果。此时,阳光的照射角度(15°~60°)和强度比较稳定,照明均匀,能较好地表现地面景物的轮廓、立体形态和质地。太阳光对景物的照射会产生明亮的反射光,从而提高了暗部的亮度,缩小了光比,缓和了反差。

(3)中午日光的效果。此时阳光的照射角度(90°)基本垂直地面,景物水平面被照亮,垂直面很少被照到。

(4)天空光的效果。在日出或日落的方向,靠近地面的天空明亮,距离地面越远的天空越暗。景物在散射的天空光照明下,照度普遍低,很难表现出被摄体的细部。用逆光角度能拍出理想的剪影照片。

(5)薄云遮日的效果。被摄体在这种自然光照明下,明暗对比度较小。拍摄的影调柔和;拍摄彩色照片可获得柔和、含蓄、色调丰富、层次分明的影调和色调效果。

(6)乌云密布的效果。此时,光线失去方向性,分布均匀、没有投影、立体感差、光比很小、色彩昏暗、影调平淡。

(7)反射光的效果。在室外强烈日照光照明下,反射光常起到对被摄体暗部照明,提高暗部的亮度,缩小被摄体的光比、缓和反差,增强照片用光艺术效果的作用。

用反光板反射直射的太阳光,对被摄体暗部照明,能获得非常理想的效果。

(二)摄影中的影调

1. 影调的形成

反射光照射在不同的物体上,会产生不同的亮度和色彩。在摄影中,通过对不同亮度、不同色彩的物体进行摄影曝光后,在画面上形成不同的密度,并以黑、白、灰等多级层次的调子表现出来,这就是影调形成的过程。摄影画面上,无论形成什么影调,画面都应有黑、白、灰多级层次。

2. 画面的主调

摄影作品的主调是指占有主导地位的影调,如高调、低调、中间调。在摄影中,应根据被摄体的情况、表现内容及摄影者的艺术构思来决定主调。

(1)高调照片的用光。高调照片以浅灰和白色为画面的基调。一般应选择浅色的环境和主体;用光宜选散射的正面光位照明,用光均匀,光比在1:1.5~1:2;曝光量在平均测光的基础上增加半挡("白加黑减"原理)。

（2）中间影调照片的用光。中间影调照片符合人们正常的欣赏习惯，画面黑、白、灰适中，被摄体表面结构可真实再现。中间影调的光比控制要适中，通常在1：2～1：4。照明常采用侧光作为主光，阴影部位加辅助光以调控光比。背景应选择能形成中间影调效果的物体（如颜色过深，可加背景光调节）。主体应选择能够形成中间色调效果的物体（主体色彩如太深或太浅并无法用光线调节时，可在构图上进行调整，使其在画面中所占比例不至太大）。

（3）低调照片的用光。低调照片画面以黑色为基础，灰色、白色只占很少部分，光比大反差强烈。光比通常在1：4～1：6，也可达1：8。用光以侧逆光为好。背景应选择深色调。在安排画面结构时，应将白色调安排在画面的趣味中心上。

3. 影调的造型作用

影调是画面造型的基础。影调不仅可表现被摄体的形体特征、立体感、质感、空间感、整体气氛，而且对画面结构的均衡与对比、和谐与统一起着重要的作用，同时，也体现了摄影者的创作意图和情感寄托。

（三）摄影构图指导

1. 摄影构图的基本规律

（1）多样统一。任何一幅摄影作品的画面都是有限的，但要表现出被摄体的多样性形象来，就需要变化，这个变化是无限的，摄影艺术构图的奥秘就在于变化。变化是必需的，但变化又要在统一中寻求。构图如果只有变化而无统一，就会杂乱无章；如果只有统一而无变化，就会单调、乏味、呆板。只有将多样和统一有机结合起来，才能使画面和谐优美。

（2）均衡。在摄影构图中，一般忌讳绝对对称，构图保持"均衡"和"相对对称"才是符合摄影构图的基本原则。

（3）疏与密。疏与密也是构图的一般规律。在处理上一定要有疏有密，疏密得体。这样才能给观众以节奏感（只密不疏——紧张、沉闷、压抑；只疏不密——空旷）。

（4）透视。透视直接影响对被摄体的造型、空间深度的表现。较好地运用透视现象，就能再现被摄体三度空间的立体效果，增强摄影的艺术表现魅力。透视主要有平行透视、成角透视、倾斜透视、曲线透视、阴影透视、反影透视、空气透视、散点透视、夸张变形透视等。

2. 拍摄构图中主体、陪体与环境的关系

（1）主体。主体是摄影画面中所要表现的主要对象。其是摄影作品主题思想的主要体现者，是摄影画面结构的中心。在构图时应使主体突出、形象鲜明。

1）突出主体的方法。

①直接突出法。直接突出法是最常用的突出主体的方法。其是在组织画面时，将对象最主要的部分在最显著的位置用直截了当的方式表现出来。其特点是：主体形象突出、信息传递准确、具有较强的视觉冲击力（还应注意画面内涵的表现）。通常用近景或特写表现。

②间接突出法。间接突出法将画面的主体通过曲折迂回的方式表现出来，目的是营造悬念，引导读者的主动思维，增加图片的趣味。其特点是：主体一般较小，但给观众的视觉冲击力强。抒发情感、描绘意境时常用此法。

间接突出法主要有：利用线条的长短、粗细、曲直变化引导观众的视线向主体集中；利用光线的变化将观众的注意力引向主体；利用虚实的变化，使主体突出；利用影调的变化以大衬小，使主体突出；利用色彩的变化突出主体（对比色等）。

2）摄影构图中对主体的要求。主体应揭示作品主题、表现画面内容和画面的趣味中心。一般主体应具备：美的外在形态；生动活泼的形象；一定的思想性；较明显的外在特征等。

（2）陪体。陪体是主体的陪衬物，是摄影画面的组成部分之一。陪体在画面中具有帮助突出主体、说明主体、均衡画面、美化画面、渲染画面气氛的作用。在构图时，陪体应随主体的改变而改变。只能处于次要的、服从的地位，不能喧宾夺主（宁缺勿全、宁虚勿实）。

（3）环境。摄影作品中的环境是指主体所处的空间中，前后、左右、上下的人和物，包括前景和背景。其作用有：帮助使主体突出；表现主体所处的地点、位置、季节的特点；说明所拍事件发生的原因；帮助表现被摄主体人物的思想、性格、职业等；帮助说明主题，烘托气氛。

3. 摄影构图的变化

（1）画幅格式的变化。

1）横画幅格式：具有视野宽广，能向左右两边扩展和横向运动等特点，适合拍摄视野开阔的画面。

2）竖画幅格式：具有向上垂直发展的特点，在表现全身人像、高耸的建筑等时非常有利。

3）方画幅格式：兼具横、竖画幅的特点，其拍摄

适用范围较广，风光、人像都较常用。

（2）拍摄点的变化。

1）拍摄距离的变化：拍摄距离是指从镜头至被摄主体的远近。使用同一焦距镜头，摄距越近，结成影像越大；反之越小（图3-1-2～图3-1-6）。

①景深的变化：摄距越近，景深越小；反之越大。

②透视关系的变化：近景上的被摄体透视变化大；远景上的被摄体改变不明显。

③景别的变化：景别是指在不同拍摄距离或使用不同焦距的镜头在相同或不同的拍摄点所表现出的被摄体的不同范围。这一变化会产生不同的景别。

图3-1-2　远景

图3-1-3　全景

图3-1-4　中景

图3-1-5　近景

图3-1-6　特写

2）拍摄方向的变化：拍摄方向是指以被摄主体为中心，在同一水平线高度对被摄体的前、后、左、右方向的拍摄。拍摄方向发生变化，画面的结构也必然发生变化。拍摄者应根据被摄体特点和自己的创意来处理拍摄方向。拍摄方向主要有正面、前侧面、正侧面、后侧面、背面等。不同的拍摄方向会给人完全不同的视觉感受。

3）拍摄高度的变化：根据拍摄高度不同，被摄体的前景、主体、背景的关系会发生很大变化。拍摄高度主要有低角度仰拍、水平角度平拍、高角度俯拍等。由拍摄高度的变化引起最明显的改变是地平线的变化，背景也会发生本质的改变。

（3）线条的变化。画面中不同线条的变化可在画面中产生不同的节奏和韵律感。

1）线条的曲直变化：曲线具有柔美、缓和的运动感；直线具有不可抗拒的力度感。摄影中常将曲线和直线综合运用。

2）线条的长短距离变化：对线条进行处理时，应用景物将完整的线条有长有短地分隔开来，能产生节奏和韵律感。

3）线条的方向性变化：线条的方向性变化具有引导视线和启示联想的作用。

4）线条的疏密变化：线条的疏密变化常形成黑、白、灰不同层次，并具有调节画面的作用。

（4）虚实的变化。摄影作品的虚和实是相对存在的。虚实关系应互为提携、相互衬托、使画面简洁、主体突出。在构图中，应虚实相生、实中见虚、虚中见实。调节方法主要有以下几种：

1）焦虚的处理：利用大光圈拍摄；利用中、长焦距镜头来造成焦虚。在实际拍摄中，如将大光圈和长焦距相结合，会取得良好的焦虚效果，能使主体突出。

2）动虚：在拍摄时，由于被摄体或照相机的运动而造成画面上部分景物虚化的现象称为动虚。动虚有物动虚、镜动虚、双动虚三种情况。

3）物虚：是指云、雾、烟、尘、轻纱等物质对被摄体掩盖，使部分影像出现模糊的现象。物虚有云雾虚、尘虚、风动虚、烟虚、光虚等几种情况。

（5）节奏的变化。

1）重复式节奏：当被摄体有三种以上的同类物体，以相同的间隔有规律地重复出现两次以上，就构成重复式节奏（如运用恰当会增加活力；否则会呆板乏味）。

2）渐变式节奏：是指被摄体的大小、形状、线条、影调等，由弱到强或由强到弱不停地连续变化，获得渐变式的节奏变化。

3）放射式节奏：将被摄主体安排在四周具有放射因素的中央点（雪花、蜘蛛网、雨伞、圆形屋架、车轮、花朵等）上，引导观众视线和注意力。

4）综合式节奏：摄影作品中有多种形式的节奏出现，便会形成综合式节奏。综合式节奏会使画面具有特殊的视觉效果。

五、练习题

1. 熟悉一般风光摄影的拍摄步骤。

2. 分组拍摄一般风光摄影作品，选用不同的曝光组合对同一风光进行拍摄。

任务二　夜景摄影

本任务主要让学生了解夜景摄影拍摄的技巧。通过完成任务，了解夜景摄影拍摄要注意的问题，熟悉夜景摄影拍摄的流程和步骤。

一、任务描述

任务描述如表3-2-1所示。

表3-2-1　任务描述表

任务名称	夜景摄影
一、任务目标	
1. 知识目标 （1）掌握夜景摄影要注意的问题和要求。 （2）了解夜景摄影作品的拍摄流程。 2. 能力目标 （1）熟悉夜景摄影的曝光参数设置。 （2）能够运用照相机拍摄出符合要求的夜景摄影作品。 （3）能够在拍摄过程中根据自己的创意拍摄出不同影调的夜景摄影作品。 3. 素质目标 （1）培养勤于思考、探究的能力。 （2）培养学习新知识与技能的能力。 （3）培养正确、熟练使用照相机和附件的能力	
二、任务内容	
（1）了解夜景摄影拍摄要注意的问题和要求。 （2）掌握夜景摄影的拍摄步骤，按流程拍摄出符合要求的夜景摄影作品。 （3）学会用不同的曝光表现不同的夜景摄影作品	

任务名称	夜景摄影
三、任务成果	
对夜景摄影要注意的问题和要求有较深入的了解，能顺利完成夜景摄影作品的拍摄，并通过创意拍摄出不同影调的夜景摄影作品	

四、任务资源	
教学条件	（1）硬件条件：照相机、多媒体演示设备、市区街景等。 （2）软件条件：多媒体教学系统
教学资源	多媒体课件、教材、网络资源等

五、教学方法	
教法：任务驱动法、小组讨论法、案例教学法、讲授法、演示法。 学法：自主学习、小组讨论、查阅资料	

二、任务实施

1. 夜景摄影拍摄要注意的问题和基本要求

（1）准备器材和工具。

1）照相机：由于夜景摄影的特殊性，一般较理想的为可更换镜头的、设有"B"门挡装置的135数码单反照相机。这样可保证照片质量和长时间曝光的需求。镜头用带广角的标准变焦镜头即可。

2）快门线和镜头盖：夜景拍摄一般曝光时间长，如用手指按动快门按钮，稍有震动，就会造成影像重叠。因此，快门线与镜头盖是夜景摄影不可缺少的器材，凡曝光数秒钟的，就可使用快门线；感光时间更长的，或多次曝光时，使用镜头盖加快门线组合比较方便。

3）三脚架：三脚架是另一个拍摄夜景必备的辅助工具。在长时间曝光和多次曝光时，照相机要非常稳定，保持照相机稳定的最好办法就是将照相机固定在三脚架上。临时拍摄没有三脚架时可以因地制宜地选取路边的栏杆等可以依托的物体固定照相机。

4）其他附属器材：如手电筒、遮光罩等都要事先备齐。手电筒可照明、测定距离、按动快门、光圈设定或寻找物品时有用。遮光罩在拍摄夜景中，也有一定作用，如遇到雨天或光线杂乱时，戴上遮光罩，可使镜头不受潮和避免杂光射入镜头。

（2）拍摄地点的选择。一般来说，夜晚炫目的灯光是进行夜景拍摄的前提条件，没有灯或灯光稀少，物体就不能表现出来，或表现不清楚。有了足够的灯光，不仅可以使物体呈现层次，也可以使画面更加明亮和清晰。因此，选取合适的拍摄地点相当重要。

（3）选择合适的白平衡。照相机一般预设了几种白平衡方式，根据外界色温变化，应做出相应的调整。选择不同的白平衡，将直接影响到照片的色调以及所表达的意境。一般来说，不要选择自动白平衡，这样会影响灯光固有的颜色，使之失去特有的色温感觉。如果拍摄城市夜景的话，一般多用（白炽灯）白平衡，因为用这种白平衡比较接近灯光的效果。当然这也不是绝对的，具体可以根据自己的喜好进行设置，选择不同的白平衡进行尝试拍摄。

（4）光圈和快门时间的使用。光圈大小影响曝光时间的长短，也影响景物的清晰程度。应根据现场光的多少，适当选择光圈的大小。要保证照片足够的景深，应选择较小的光圈，一般以f/8～f/16为宜。如果要拍出点光源的光芒效果（星光），就要尽可能选择小光圈拍摄。但小光圈会导致曝光时间延长，路上的行人不会出现在照片里，行驶在路上的汽车则会形成一道道光的轨迹。如果想要以夜景中的人群为拍摄主体，那么就得使用较大的光圈或者使用高感光度（ISO）来提高快门速度。另外，快门速度可通过测光、经验、试拍获得。

（5）曝光。夜景拍摄的曝光方式比较多样，一般有以下两种：

1）一次曝光：用三脚架架好照相机，取景构图，用快门线控制快门开启或用镜头盖控制，进行一次适当时间的曝光。

2）多次曝光：一般在天黑之前选好拍摄位置，用三脚架固定好照相机，待到天黑但尚能分辨景物的轮廓和层次时进行第一次曝光，把景物轮廓拍下来；等到天黑透，灯光全亮时，进行第二次、第三次曝光。这种曝光必须将有长时间曝光设置的快门线和镜头盖结合使用来拍摄。

（6）距离的测定。如果现场光比较亮，拍摄大场面时，可使用自动对焦功能对无限远对焦；如果现场光线很暗，不能完成自动对焦，可一人对需要聚焦的物体用手电筒照亮辅助对焦，或选择靠近灯光较明亮的、同一距离的物体进行对焦。

（7）注意光线变化。在曝光过程中应防止强烈光线射入镜头，强烈的光线直射镜头，容易产生光晕，在拍摄过程中，也要提防突如其来的强光出现（如突然照射过来的汽车灯、行人的手电筒等）。倘若快门已打开，可临时用镜头盖或帽子遮挡一下。取景器的目镜盖也应该盖上，避免画面出现严重的曝光过量和影响画面清晰度的杂光进入画面。

（8）适当的后期修整。数码照相机拍出来的照片，如果没有后期修整，可能会比较平淡，不出彩，夜景照片也一样。可以用Photoshop修改，尽量调整得与肉眼看到的效果一样。特别是夜景，黑的地方让其黑透，对比度可以适当加大一点。同时，注意高光不要溢出太多，主体的细节应该尽可能多地保留。

（9）耐心的培养。拍摄夜景，耐心很重要，有时候需要长时间曝光，等待时难免寂寞。拍摄夜景的诀窍就是，学会观察，学会思考，学会等待，学会比较。

（10）注意人身安全。由于夜景摄影的特殊性，夜晚在街道上拍摄要注意来往车辆，在黑暗的地方一定要结伴而行，人身安全很重要。

2. 夜景摄影的拍摄流程、步骤

（1）选择好地点，支好三脚架，架好照相机准备拍摄。

（2）对照相机主要参数进行详细设定。

1）影像品质：选择JPEG精细或RAW+JPEG模式，保证照片的较高质量，尽量选择RAW格式拍摄，为后期调整提供更大的空间。

2）影像尺寸：选择最大尺寸，为后期调整留有余地。

3）焦距：一般情况可选择广角端拍摄，有时可根据构图需要而定。

4）白平衡：根据现场环境选择适合的白平衡。一般街景可选择（白炽灯）白平衡，也可尝试选择其他白平衡设置，可取得多种色调效果。

5）感光度：根据环境亮度尽量选择低感光度拍摄（如ISO100），可有效降低画面伪色（噪点）对照片质量的影响。如果要凝固运动的主体，可选择大光圈和高感光度（如ISO1600以上）以提高快门速度。

6）AF区域对焦模式：一般选择中央单点对焦比较方便。

7）测光：一般选择中央重点测光或点测光。有一定拍摄经验者建议使用点测光，更方便。由于夜景光线复杂多变，可进行多次试拍。

8）曝光模式：多选择光圈优先模式（A）+曝光补偿进行拍摄，一般夜景拍摄选择较小的光圈（f11~22），照相机自动选择快门速度，再根据拍摄意图进行曝光补偿的加减挡设置。如果在光圈优先模式下快门速度超过照相机自动曝光时限（一般照相机最长快门为30 sec），就必须选择全手动模式（M）进行拍摄。在全手动模式（M）下，先设定光圈值，再将快门设置在"B"挡。长时间曝光必须用快门线启动照相机，再根据拍摄结果选择延长或缩短曝光时间。

（3）构图。根据自己的拍摄意图和摄影构图的一般规律进行合理构图。

（4）对焦拍摄。半按快门按钮对焦（或快门线按钮）并测光。夜景摄影的对焦点一般选择在无限远处，这样可获得很大的景深。如由于现场光线太暗不能完成自动对焦，可用同一距离的物体进行对焦，或手动对焦。对焦后按住曝光锁定按钮（AE-L）锁定曝光（M挡除外），屏住呼吸，持续按下快门按钮（或快门线按钮）完成拍摄。

（5）可尝试用不同的设置和不同的曝光组合进行拍摄，比较不同的拍摄效果。

（6）拍摄完成后，仔细收拾摄影器材。

3. 拍摄样片分析

夜晚的灯光五光十色，要在照片上反映出真实的画面效果，白平衡设置非常重要，但有时为了烘托画面气氛，渲染情调，可以改变白平衡设置，此时会出现意想不到的色彩效果。另外，像画面当中运动的汽车，由于曝光时间较长，车灯等运动的物体都会虚化，而像彩陶雕塑等静止的物体则成像清晰，因而，就形成了画面动静对比的视觉效果（图3-2-1）。

主要拍摄参数：

机身：尼康D3000

镜头：尼克尔AF-S DX 18~55 mm f/3.5~5.6G VR

焦距：18 mm

曝光模式：A

光圈：f11

快门：30 sec

测光模式：点测光

ISO：100

曝光补偿：0EV

白平衡：白炽灯

图3-2-1　样片

三、任务检查

任务检查如表3-2-2所示。

表3-2-2　夜景摄影任务考核指标

任务名称	序号	任务内容	任务要求	任务标准	分值/分	得分
夜景摄影	1	夜景摄影拍摄要注意的问题和要求	完成对夜景摄影要注意的问题和要求的了解	能正确理解夜景摄影的主要问题和要求	10	
	2	夜景摄影的拍摄步骤	熟悉夜景摄影的拍摄步骤	在夜景摄影实践中掌握并熟练运用拍摄流程	20	
	3	作品拍摄	完成夜景摄影作品的拍摄	能独立完成夜景摄影作品的拍摄。曝光合理、构图完整	50	
	4	作业完成情况	按照任务描述提交相关实践作品	按时上交符合要求的拍摄实践作品	15	
	5	工作效率及职业操守	—	时间观念、责任意识、团队合作、工作主动性及工作效率	5	

四、相关知识点准备

（一）夜景摄影的特点

1. 光源繁多

与白天摄影时只有单一的日光源不同，夜景摄影往往会同时出现很多光源。它包括路灯、大厦的装饰灯、车灯，以及月光、落日余晖等。而不同的光源，色温也会不同，因此，拍摄时必须控制好照相机的白平衡，以获取最佳的色彩效果。另外，灯光、火光和月光除对夜景摄影起光源作用外，还是画面的组成部分。因此，夜景的光源有着双重的作用（图3-2-2）。

2. 主体突出，主题鲜明

由于晚上天色黑暗，光影对比较强烈，主体与周围环境的层次分明，可以通过暗调将不必要或对画面有破坏的元素隐没，让主体更加突出。如拍摄一个工地，白天往往无法避开很多杂乱的东西，但在夜间，对这些不利于画面的障

图3-2-2　夜景光源

碍物，可利用灯光照射，把需要的东西突显出来，将不需要的物体隐没在黑暗中。采取这种手法，会比白天的拍摄效果好很多（图3-2-3）。

往车辆的灯光在底片上多次感光，使画面上出现无数条车灯线的光柱，从而取得车辆纵横、交通繁忙的效果，这样合理的夸张和渲染有助于主题的突出（图3-2-5）。

图3-2-3　突出主体

3. 拍摄对象以静物为主

因为夜间摄影的光线很弱，较之日光差别很大，甚至有的光线所照的景物连层次都看不清，所以，夜景拍摄被摄对象应以静止的景物为主，一般不宜拍摄动作迅速的物体。因为夜间光线微弱，各种景物的照度很低，拍摄时需要较长的感光时间。对于运动的物体如汽车，夜景摄影可以记录下它的灯光轨迹所形成的独特效果（图3-2-4）。

图3-2-4　静止对象

4. 夸张景物，增加气氛

夜间拍摄有独特的拍摄方法和特殊影调的处理手法，来达到夸张景物、增加画面气氛的目的。所谓夸张景物，即将画面所需要的东西充分突出，将某些优美的景物集中表现出来。所谓增加气氛，即充分利用周围环境，对景物加以渲染，合理夸张，烘托主题。以拍摄一条马路为例，白天车辆很多，但拍出的照片往往车辆并不多，原因是我们所看到的许多车辆是在几秒或几分钟之内所集中的印象。但在夜间拍摄，即可发挥夜间摄影的特长，用长时间曝光的方法，让来

图3-2-5　夸张景象

5. 色调对比较强烈

夜间摄影，由于受光线的限制，不可能拍摄线条细致、层次丰富的景物。如拍摄一个人的面部表情，或拍摄建筑物的细部装饰花纹等，都是比较困难的。对于展现几排灯光、几根线条的组合，区分建筑物的轮廓、刻画人物外形、展现明暗的对比等，则是比较适合的。由于上述的因素，夜间拍出的照片往往给人以画面黑白分明、色调对比强烈的印象（图3-2-6）。

图3-2-6　色调对比

进行夜间拍摄时，每一景物都有它自己独有的、与其他景物不同的地方，这些不同的特点又和周围的某些环境、条件密不可分，起到互相呼应的作用，使得景物本身的特点更加鲜明突出。这些特点往往表现在内容上、形式上、规模上、地理环境上、气候上等。要抓住这些特点，有时就要了解拍摄对象的内部情况，如哪些是主要的，哪些是次要的，以及活动规律等。下面列举几种景象在夜景摄影时所起的不同作用。

1. 灯光（或月光）

灯光（或月光）往往是夜景中重要的组成部分，它同时是夜景摄影的主要光源，如果没有灯或灯光稀少，物体就不能表现出来，或表现得不清楚。有了足够的灯光，不仅可以使物体呈现层次，也可以使画面更加明亮和清晰。流动的灯光（汽车灯、轮船灯及其他可以移动的灯光），可以在底片上呈现出一条条光线（即光柱），不仅增加了画面气氛，也使得画面效果也更加漂亮（图3-2-7）。

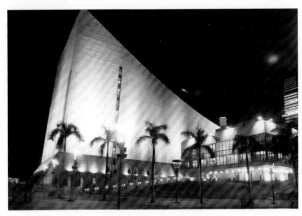

图3-2-7　灯光的作用

2. 雨天、雾天（或空气潮湿的天气）

利用雨天、雾天的灯光可以拍摄出具有美丽光环的照片。由于空中水汽受灯光的影响，天空的色调有时也会反射出其他的颜色并体现在画面上，如用彩色片拍摄，效果更加明显。因为雨天的柏油路或光滑的地面，可显出物体和灯光的倒影，使拍出来的效果更生动（图3-2-8）。

3. 水

水对于夜景有时也有一定的作用。海边、河流、池塘旁的建筑，由于水的反光、倒影作用，岸上或周围的灯光增加了亮度，衬出了景物轮廓，波光灯影，能给画面添加生气（图3-2-9）。

图3-2-8　雨天、雾天的影响

图3-2-9　水的作用

夜间拍摄时，掌握特点、选择角度与利用自然条件三者是密切联系的。换而言之，选择角度必须根据拍摄对象的特点和现场的自然环境而定，而掌握特点、选择角度、利用自然环境这三个方面都必须服从主题的要求，不能孤立地进行。

五、练习题

1. 熟悉夜景摄影的拍摄步骤。

2. 分组拍摄城市夜景和校园夜景作品，选用不同的曝光组合对同一场景进行拍摄。

任务三　建筑摄影

本任务主要让学生了解一般建筑摄影拍摄的技巧。通过完成任务，了解建筑摄影拍摄要注意的问题和要求，熟悉建筑摄影的拍摄流程和步骤。

一、任务描述

任务描述如表3-3-1所示。

表3-3-1　任务描述表

任务名称	建筑摄影	
一、任务目标		
1．知识目标 （1）熟悉建筑摄影拍摄要注意的问题和要求。 （2）了解建筑摄影作品的拍摄流程。 2．能力目标 （1）熟悉建筑摄影的曝光参数设置。 （2）能够运用照相机拍摄出符合要求的建筑摄影作品。 （3）能够在拍摄过程中根据自己的创意拍摄出不同影调的建筑摄影作品。 3．素质目标 （1）培养勤于思考、探究的能力。 （2）培养学习新知识与技能的能力。 （3）培养正确、熟练使用照相机和附件的能力		
二、任务内容		
（1）了解建筑摄影拍摄要注意的问题和要求。 （2）掌握建筑摄影的拍摄步骤，按流程拍摄出符合要求的建筑摄影作品。 （3）学会用不同的曝光表现不同的建筑摄影作品		
三、任务成果		
对在建筑摄影拍摄中需要注意到的问题和要求有较深入的了解，并能顺利完成建筑摄影作品的拍摄，同时，通过创意拍出不同影调的建筑摄影作品		
四、任务资源		
教学条件	（1）硬件条件：照相机、多媒体演示设备、城市建筑等。 （2）软件条件：多媒体教学系统	
教学资源	多媒体课件、教材、网络资源等	
五、教学方法		
教法：任务驱动法、小组讨论法、案例教学法、讲授法、演示法。 学法：自主学习、小组讨论、查阅资料		

二、任务实施

1. 一般建筑摄影拍摄要注意的问题和基本要求

（1）摄影器材的选择。

1）照相机：这里所进行的建筑摄影是一般意义上的建筑摄影，不同于专业领域的建筑摄影。所以，照相机一般选择135数码单反机身。

2）镜头：选择带广角端的标准变焦镜头（广角定焦镜头成像效果更好）和长焦镜头。一般用广角镜头拍摄建筑物内部构造，而用远摄镜头可将房屋或建筑物与背景分离开，强调某个细节。

3）配件：三脚架，使用三脚架可有效地提高照片的清晰度。

另外，快门线、偏振镜、中灰滤镜在拍摄时也会用到。

（2）拍摄的时机。一般选在清晨或黄昏，光线条件最好的时候拍摄。避免在正午时分的强烈阳光下拍摄，除非拍摄主体是玻璃的或现代建筑，要借助强烈的日光凸显特点。

（3）拍摄视角的选择。蹲下来朝上拍，或者到大楼对面，从另一个高楼的窗户或者屋顶上拍过来。在建筑物周围走一圈以找到最佳的拍摄角度，同时了解什么方位光线最好。

（4）照相机的参数设定。白平衡可根据现场的光线设定，如阳光照射的环境就选"直射阳光"白平衡。曝光模式一般选择光圈优先模式（A），由于建筑摄影的特点，要保证画面有很大的景深一般选择较小光圈；测光模式可选中央重点测光或点测光；曝光补偿设置可根据拍摄意图适当进行加减挡的操作，或根据试拍结果进行参数调整。

（5）画面景别的确定。拍摄的画面可以是建筑物的全貌，如果建筑物太过高大，也可以选出其中有特点的一部分，拍摄出局部效果。

（6）周边环境的选择。利用周边环境，将建筑物放到背景中，可将焦点对在前景中一些比较有趣的地方，如台阶、小径，以增加情趣，引领目光自然地进入影像中。

（7）对建筑物的考证。对要拍摄的建筑物做一番考证，知道一点它的历史，可以帮助找出原先可能忽略了的有趣的特征，也可以帮助我们拍摄出建筑物的内涵，如历史性建筑、图书馆、博物馆等。

（8）试着拍摄黑白照片。如果拍摄的是现代建筑物，试着拍些黑白照片，可以产生有影调趣味的影像。

（9）人身安全。外出拍摄时注意人身安全。

2. 建筑摄影的拍摄流程、步骤

（1）选择好地点，支好三脚架，架好照相机准备拍摄。

（2）对照相机主要参数进行详细设定

1）影像品质：选择JPEG精细或RAW+JPEG模式，保证照片的较高质量，尽量选择RAW格式拍摄，可为后期调整提供更大的创意空间。

2）影像尺寸：选择最大尺寸，为后期调整留有余地。

3）焦距：一般情况下可选择广角端拍摄，有时可根据构图需要而定。

4）白平衡：根据现场环境选择适合的白平衡。也可尝试选择其他白平衡设置。

5）感光度：根据环境亮度尽量选择低感光度拍摄（如ISO100）。

6）AF区域对焦模式：一般选择中央单点对焦较方便。

7）测光：一般选择中央重点测光或点测光。

8）曝光模式：多选择光圈优先模式（A）+曝光补偿进行拍摄。拍摄一般建筑可以选择较小的光圈（f11~22），照相机会自动选择快门速度，再根据拍摄意图选择曝光补偿的加、减挡设置。

（3）构图。根据自己的拍摄意图和摄影构图的一般规律进行合理构图。

（4）对焦拍摄。半按快门按钮对焦（或快门线按钮）并测光。建筑摄影的对焦点一般选择在建筑物的主要部位。对焦测光后按住曝光锁定按钮（AE-L）锁定曝光，也可选择重新构图，屏住呼吸，持续按下快门按钮（或快门线按钮）完成拍摄。

（5）可尝试用不同的设置和不同的曝光组合进行拍摄，比较不同的拍摄效果。

（6）拍摄完成后，仔细收拾摄影器材。

3. 拍摄样片分析

现代建筑的造型多种多样，外墙装饰大量使用玻璃幕墙，因此，可通过玻璃的反射使建筑的色彩更加丰富。样片中的拍摄时间在下午五点左右，为了让玻璃幕墙的曝光准确，对其进行点测光，并做了减1/3的曝光补偿拍摄。拍摄视角选择仰视拍摄，以表现建筑物的高大。当时还选择了不同的白平衡拍摄了多幅作品，色彩效果不错（图3-3-1）。

拍摄样片参数：

照相机：尼康D3000

镜头：尼克尔AF-S DX 18~55 mm f/3.5~5.6G VR

焦距：18 mm

曝光模式：A

光圈：f16

快门：1/160 sec

测光模式：点测光

ISO：100

曝光补偿：−0.3EV

白平衡：Auto

图3-3-1　样片

三、任务检查

任务检查如表3-3-2所示。

表3-3-2　建筑摄影任务考核指标

任务名称	序号	任务内容	任务要求	任务标准	分值/分	得分
建筑摄影	1	建筑摄影拍摄要注意的问题和要求	完成对建筑摄影要注意的问题和要求的了解	能正确理解建筑摄影的主要问题和要求	10	
	2	建筑摄影的拍摄步骤	熟悉建筑摄影的拍摄步骤	在建筑摄影实践中掌握并熟练运用拍摄流程	20	
	3	作品拍摄	完成建筑摄影作品的拍摄	能独立完成建筑摄影作品的拍摄。做到构图完美、曝光合理、色调鲜明	50	
	4	作业完成情况	按照任务描述提交相关实践作品	按时上交符合要求的拍摄实践作品	15	
	5	工作效率及职业操守	—	时间观念、责任意识、团队合作、学习主动性及工作效率	5	

四、相关知识点准备

（一）建筑摄影的视觉要素

建筑的形体、线条、尺度比例、质感和色彩是建筑摄影中视觉要素的主要成分。在大多数情况下，上述要素并不是以相同的地位在画面上同时出现的，特别是当摄影师需要突出表现建筑的某一特征时更是如此。在画面中需要重点突出哪些视觉要素取决于照片的用途，也取决于摄影师的创作意图和创作风格。

1. 形体

形体能让人感觉建筑空间的深度，感受到三维空间的真实世界。当用平面形式的照片来表现三维空间的建筑时，其表现的力度在很大程度上有赖于视觉透视和阴影（图3-3-2）。

图3-3-2　形体

2. 轮廓

建筑是三维空间的形体，但在人的视觉中又常常会以二维空间的形状出现，其最典型、最单纯的形状就是轮廓剪影。当建筑处在背光面时，光线从建筑的背面射来，在强光的烘托下，轮廓剪影成了建筑的主要视觉要素，而空间、质感、色彩等其他要素统统都被隐没在了阴影之中。拍摄时要善于运用各种视角、光影，将富有表现力的建筑轮廓加以利用和强调，使其能简洁、清晰、鲜明地表现出建筑的视觉形象（图3-3-3）。

图3-3-4 线条

4. 尺度比例

建筑有其自身的几何尺寸，建筑师可以通过不同的比例将建筑都画在统一的图纸上，读者可以通过比例来计算出建筑的实际尺寸。建筑摄影则需要读者通过对比来感觉建筑的大小。因此，拍摄时应注意将主体建筑与周围相邻建筑、与尺寸相对固定的参照物尺度的对比关系反映出来，使读者对建筑的尺度比例有一个正确的了解（图3-3-5）。

图3-3-3 轮廓

3. 线条

线条在建筑的视觉要素中同样占有重要的地位。在建筑摄影中，线条的概念常常不是在被摄体上直接以"线条"的形式出现，更多的是以构件的外形特征在画面上显示出来，如建筑的柱子、墙体、屋顶、楼梯、栏杆等构件在照片上都可能以各种线条的形式出现（图3-3-4）。

图3-3-5 尺度比例

5. 质感

质感主要是指被摄建筑的表面材料在照片上再现的真实感。质感的基础是将把被摄体表现得十分逼真，使读者能从照片上真实地感受到材料的表面是光滑的还是粗糙的，是坚硬的还是柔软的，是密实的还是疏松的（图3-3-6）。

图3-3-6 质感

6. 色彩

色彩是构成彩色摄影作品的要素之一。不同的色彩构成作品的色调，而色调是构成景物形象的基本要素，在视觉要素中同样占有十分重要的地位（图3-3-7）。

图3-3-7 色彩

（二）建筑摄影的用光

摄影的最基本特征是瞬间性，它能将稍纵即逝的瞬间精确地表现在照片上。要充分利用好这种瞬间性，用心观察建筑和建筑环境在各种光线照射下的微妙变化，捕捉精彩的瞬间，使照片中的建筑和建筑环境不但真实，而且优美。

户外建筑摄影的主光源是日光，它的光照角度、亮度、色彩都会随地点、季节、时间和气候条件的不同而变化，并能直接影响画面中建筑的影调和气氛，从而迅速地改变人们对建筑的感觉。能对光的特性有深层次的认识并善于利用它的变化来营造画面的影调和气氛是摄影家艺术才华中最重要的组成部分。理想的光线不但需要耐心等待才能获取，更要努力去发现并加以利用。平时要注意观察阳光是如何使建筑充满生气，而又如何使建筑变得平淡乏味。摄影师要对气候条件可能对拍摄结果产生的影响有科学的预见，并

在拍摄时能有良好的临场感觉。一幅能吸引读者的照片有时需要经过多次拍摄、反复比较后才能产生。

日出和日落时分是一天中天空色彩最具戏剧性变化的时刻，也是拍摄建筑逆光照的最佳时刻。在强光的烘托下，高低起伏的建筑轮廓线成了视觉的主要要素，而建筑的空间、质感、色彩统统都被隐没在阴影之中。拍摄这类作品时要细心观察天空的色调和云层位置的变化，抓住机遇，捕捉精彩的瞬间。此时，建筑因曝光不足而使细部隐没在阴影中，轮廓剪影成了画面的主题。背光剪影照有时比在明亮清晰的顺光下拍摄出的照片更能表现建筑的形体特征（图3-3-8）。

图3-3-8 日出

白昼，在侧向绚丽的阳光照耀下，建筑物显得明亮，反差大，色彩比强度低的光线照射下更加鲜艳，从而能突出建筑的外部特征，将建筑的三维空间真实地传递给读者。在强光下拍摄建筑要特别注意光照角度的变化而形成的阴影效果，要将那些简洁、形状鲜明而整齐的阴影作为画面的组成部分。此时，阳光通过照明来显示建筑，而阴影则通过反差来表现建筑（图3-3-9）。

图3-3-9 白昼

黄昏，所有景物都沐浴在金黄色的光辉之中，画面有一种氤氲的气氛（图3-3-10）。黄昏的阳光近乎水平且光线柔和，它不但能产生明显的阴影，增强建

筑的立体感，还能显示出阴影部位的层次和材料表面的质感纹理。用这种低角度光线来表现建筑时尤其要掌握好拍摄的时机，过早画面的气氛会不够浓重，过晚则要随时防止附近高楼大厦对阳光的突然遮挡而使摄影师错失拍摄良机。日落不会持续很久，几分钟后金色光辉的美景便变成了令人沮丧的暗紫色。

图3-3-10　黄昏

夕阳慢慢西下，自然光会变得越来越弱，城市建筑便会被笼罩在一片泛光照明之中。建筑的外部特征也会发生戏剧性的变化，从而为夜间拍摄提供了一个全新的领域。为了能更多地展现建筑的形态和细部层次，夕阳西下，华灯初上时是拍摄建筑夜景的理想时刻。此时，天空还留有太阳的余晖，并能清晰地衬托出建筑的轮廓，而来源于大气层的反射光不但能表现出建筑的暗部层次，而且与城市灯光之间形成了色温差异，使画面具有一种奇妙的色彩效果。夜间拍摄的关键是捕捉夜色的神秘气氛（图3-3-11）。

图3-3-11　天黑之前

在拍摄现代城市建筑时，还可以多留意一下玻璃幕墙对光的反射，也许会发现很多的创作机会。幕墙在不同的光照条件下色彩差异很大，黄昏时更是变幻莫测，拍摄时要善于观察，尽可能将幕墙上的金色、银色等反射光利用起来，表现其给建筑带来的神采。

（三）建筑摄影的质感表现

影像的质感在建筑摄影中占有极为重要的地位，建筑摄影不但需要表现建筑的空间形体，还要将建筑的材料质感丝毫毕露地展现在读者面前，使读者单凭视觉就能感觉出建筑材料表面的质感，给读者以身临其境的感觉。

对于建筑摄影来说，表现质感的基础是将建筑拍摄得清晰细腻，因而对被摄体进行精确聚焦，提高影像的清晰度是表现建筑质感的基础。正确用光是表现建筑材料质感的另一个重要技术条件。正确用光就是正确控制光的方向（光位）、光的品质（光质）。光可以来自各个方向，如直射光（包括正面光、侧光、逆光、顶光等）、散射光、反射光等。直射光中的正面光（俗称平光）、顶光和逆光一般都不利于表现建筑的质感，而侧光（特别是斜侧光）能较好地表现建筑表面的纹理质感；当建筑物为表面粗糙型时（如砖墙、毛石墙面等），拍摄时对斜侧光的方向要求并不十分苛刻，只要有足够强度的光线从侧面照射，建筑材料的质感就会得到突出表现，特别是当建筑的色彩并不丰富时，斜侧光对表现建筑的质感十分重要；当拍摄外墙表面为光滑型的建筑时，对斜侧光的方向和强度的要求就十分严格。从光的入射角等于反射角的原理来讲，当拍摄有玻璃幕墙的大厦时，一定要注意光照的角度、拍摄点的位置、光的强度、光的柔化程度，以寻找最佳组合来表现其材料的质感（图3-3-12和图3-3-13）。

正确控制了光的方向，进行了精确的调焦后，能否合理、准确地曝光将直接影响表现质感。准确、合理曝光是指根据建筑的体型、色彩（同时出现各种不同的色彩）、材料质感（同时出现光滑的和粗糙的材料）、受光面和背光面的亮度对比而采取相应的曝光值。这个曝光值对于被摄建筑的某一部分来说可能会曝光不足或曝光过度，但对于需要重点表现的那一部分一定则是准确曝光。在摄影曝光中，由于影像感光介质宽容度（可允许曝光误差的能力）的局限性，拍摄者无法做到让高反差的被摄体在各个部位都获得准确曝光。准确曝光只是一种客观的概念，它是按测光表测取景物中的中灰亮度部位为依据来尽可能地在照片上再现景物的丰富影调。因此，在拍摄前一般应有一个构思，即需要重点表现的部位做到准确曝光，但就整体而言追求的是合理曝光，只有合理曝光才能正确地表现你想要表现的那一部分的材料质感，而不重要的部位为曝光过度或曝光不足状态，这有时反而会使作品更有个性。

图3-3-12　粗糙建筑的质感表现

图3-3-13　光滑建筑的质感表现

姿，可加用偏振镜，并选择夏季较强烈的前侧光光线，这样拍出的照片，主体画面在蓝色基调衬托下层次将显得更清晰，质感更强烈（图3-3-14）。

图3-3-14　画面基调

（五）建筑摄影的画面冲击力

现代城市建筑通常是引人注目的。摄影者实际拍摄时，不应墨守成规，要有意识地打破常规来处理画面。特别是在构图上一定要反复推敲、精心构思。拍摄时可尝试将完整建筑结构的一部分从与之相连的其他部分中分离，以制造出一种抽象、简洁的画面。另外，拍摄时还要灵活采用多种因素，将城市建筑体四面可以利用的花草、树木、建筑物框架等作为新奇的前景合理运用，这样才能给原本平淡的题材注入新的活力，拍出令人耳目一新的好照片（图3-3-15）。

图3-3-15　画面冲击力

（四）建筑摄影的画面基调

把握建筑特征的最好方法就是运用特定季节或气候条件的光线和色彩来造成一种相应的情调，日光的变化能迅速改变建筑物的外貌和色彩气氛。因此，认真选择不同季节、不同时间段的日光照射就可以使拍出的画面具有特殊的气氛。另外，在拍摄蓝天白云衬托下的建筑物时，为了突出蓝天白云下的建筑物雄

五、练习题

1．熟悉建筑摄影的拍摄步骤。

2．分组拍摄城市代表性建筑和校园建筑摄影作品，选用不同的曝光组合和构图对同一场景进行拍摄。

任务四　花卉摄影

本任务主要让学生了解花卉摄影拍摄的技巧。通过完成任务，了解花卉摄影拍摄要注意的问题和要求，熟悉花卉摄影的拍摄流程和步骤。

一、任务描述

任务描述如表3-4-1所示。

表3-4-1　任务描述表

任务名称	花卉摄影
一、任务目标	
1. 知识目标 （1）掌握花卉摄影要注意的问题和要求。 （2）了解花卉摄影作品拍摄的流程。 2. 能力目标 （1）熟悉花卉摄影的曝光参数设置。 （2）能够运用照相机拍摄出符合要求的花卉摄影作品。 （3）能够在拍摄过程中根据自己的创意拍摄出不同影调的花卉摄影作品。 3. 素质目标 （1）培养勤于思考、探究的能力。 （2）培养学习新知识与技能的能力。 （3）培养正确、熟练使用照相机和附件的能力	
二、任务内容	
（1）了解花卉摄影拍摄要注意的问题和要求。 （2）掌握花卉摄影的拍摄步骤，按流程拍摄出符合要求的花卉摄影作品。 （3）学会用不同的曝光表现不同的花卉摄影作品	
三、任务成果	
对花卉摄影要注意的问题和要求有较深入的了解，能顺利完成花卉摄影作品的拍摄任务，并通过创意拍摄出不同风格的花卉作品	
四、任务资源	
教学条件	（1）硬件条件：照相机、多媒体演示设备、市内公园、植物园等。 （2）软件条件：多媒体教学系统
教学资源	多媒体课件、教材、网络资源等
五、教学方法	
教法：任务驱动法、小组讨论法、案例教学法、讲授法、演示法。 学法：自主学习、小组讨论、查阅资料	

二、任务实施

1. 花卉摄影拍摄要注意的问题和基本要求

（1）摄影器材的选择。

1）照相机：一般选择135数码单反机身。

2）镜头：标准变焦、长焦和微距镜头在拍摄花卉局部特写时会经常用到。

3）配件：三脚架。花卉微距拍摄有时景深很浅，为了保证成像清晰，三脚架是必备的。

4）其他像喷水壶、黑卡纸也尽量准备，拍摄时会用得到。

（2）拍摄时间和对象的选择。拍摄时间多选择早晨、上午日出后两小时内，此时的光照度较为理想，造型效果好。这时的花卉经历露水的滋润，很有精神。在一般情况下，我们不会选择中午拍摄花卉，因为中午时光照垂直，投射在花卉的顶部，花卉正面受光少，造成画面反差大，缺乏层次，花卉色彩还原效果差。在拍摄花卉时也要进行选择，或娇艳欲滴，或含苞待放，鲜活的花朵才能拍出满意的照片。但也有例外，如借助"残荷"表达一种情怀等。

（3）花卉立体感、质感的表现。早晨的露珠在表现某些花卉时很有用，如果露水不太明显，可用小型喷雾器喷少量的水珠以体现质感。在室外拍摄时主要依靠自然光线的照射，而随着时间的不同，自然光的形态也有所不同。拍摄用光一般采用侧光、逆光，表现其立体感，暗部如阴影太重，可用反光板对阴影补光。

（4）花卉细节的描绘。要善于发现花卉本身排列的图案美、形式美。认真思考从什么角度拍摄。花卉的局部往往能构成美丽的图案，要学会以细节体现花卉生命的美，拍摄时以小见大。

（5）焦距的选择。可根据表现意图，选择合适的焦距拍摄花卉。镜头焦距较短时可手持拍摄，如果用长焦镜头拍摄，最好用三脚架。

（6）背景的选择。如果要表现花卉细致的层次和质感（表现花卉大场面构图时除外），在选择背景时应尽量选择简洁单一、色深的背景，这样能很好地突出花卉的颜色和层次。另外，也可选用和主体花卉成对比色的背景，使主体花卉颜色鲜艳；选用类似色，则显得和谐统一。另外，要善于利用花卉周边的环境营造氛围，表达意境，延伸画面内涵。

（7）选景构图。花朵与花朵之间、花朵与枝叶之间，要疏密相间、虚实相生、主次分明、主体突出、画面简洁。根据拍摄创意，按照构图的基本法则进行构图。

（8）数码照相机的白平衡设定。一般选择白平衡时和现场的光线一致即可，选择自动白平衡可满足大多数场景，如不准确就需要对白平衡进行微调。

（9）准确的曝光。对照相机的曝光参数进行详细的设置，一般选择曝光模式为光圈优先模式（A），

根据花卉摄影的特点，要获得浅景深效果一般应尽量选择较大的光圈；测光模式可选择中央重点测光或点测光，如果有一定的经验，对需要局部准确曝光的地方可用点测光。曝光补偿设置可根据拍摄意图适当进行加、减挡的操作（M挡除外）。

2. 花卉摄影的拍摄流程、步骤

（1）选择好地点和角度后，如果需要，支好三脚架，架好照相机准备拍摄。

（2）对照相机主要参数进行详细设定。

1）影像品质：选择JPEG精细或RAW+JPEG模式，保证照片的较高质量。

2）影像尺寸：选择最大尺寸，为后期调整留有余地。

3）焦距：一般情况可选择中焦、长焦端近摄的方法拍摄。

4）白平衡：根据现场环境选择适合的白平衡。

5）感光度：根据环境亮度尽量选择低感光度拍摄（如ISO100）。

6）AF区域对焦模式：一般选择中央单点对焦比较方便。

7）测光：一般选择中央重点测光或点测光。有一定拍摄经验者建议使用点测光，这样会更方便。

8）曝光模式：一般选择光圈优先模式（A）+曝光补偿进行拍摄，拍摄者先选择较大的光圈（f1.4～5.6），照相机自动选择快门速度，再根据拍摄意图进行曝光补偿的加、减挡设置。

（3）构图。根据自己的拍摄意图和摄影构图的一般规律进行合理构图。

（4）对焦拍摄。半按快门按钮对焦（或快门线按钮）并测光。花卉摄影的对焦点一般选择花蕊或花瓣处，这样可获得清晰的影像。然后按住曝光锁定按钮（AE-L）锁定曝光，也可根据画面需求重新构图，屏住呼吸，持续按下快门按钮完成拍摄。

（5）可尝试用不同的设置和不同的曝光组合进行拍摄，比较不同的拍摄效果。

（6）拍摄完成后，仔细收拾摄影器材。

3. 拍摄样片分析

花卉摄影中为了突出花的形态，用点测光方式对花瓣的亮部进行测光，这样就可将暗部阴影中杂乱的枝叶压得更暗，突出了主体（图3-4-1）。

主要拍摄参数：
机身：尼康D3000
镜头：尼克尔AF-S DX 18~55 mm f/3.5~5.6G VR
焦距：55 mm
曝光模式：A
光圈：f5.6
快门：1/400 sec
测光模式：点测光
ISO：100
曝光补偿：−1EV
白平衡：Auto

图3-4-1　样片

三、任务检查

任务检查如表3-4-2所示。

表3-4-2　花卉摄影任务考核指标

任务名称	序号	任务内容	任务要求	任务标准	分值/分	得分
花卉摄影	1	花卉摄影拍摄要注意的问题和要求	完成对花卉摄影拍摄要注意的问题和要求的了解	能正确理解花卉摄影拍摄要注意的问题和要求	10	
	2	花卉摄影的拍摄步骤	熟悉花卉摄影的拍摄步骤	在花卉摄影实践中掌握并熟练运用拍摄流程	20	
	3	作品拍摄	完成花卉摄影作品的拍摄	能独立完成花卉摄影作品的拍摄。构图完整、主次分明	50	
	4	作业完成情况	按照任务描述提交相关实践作品	按时上交符合要求的拍摄实践作品	15	
	5	工作效率及职业操守	—	时间观念、责任意识、团队合作、工作主动性及工作效率	5	

四、相关知识点准备

（一）花卉摄影的用光

光线的运用，是摄影艺术造型的重要技法，它是突出表现花卉质感、姿态、色彩、层次的决定因素。拍摄同一类花卉，不同的用光得出的效果也会截然不同。

阳光在一天里变化较大，直接影响着花卉拍摄的效果，从光照度来分析，采用自然光拍摄花卉，最好选择在上午拍摄，此时的花卉色泽特别鲜艳，显得质地娇嫩，色彩清晰，层次分明，影调明朗，反差适中，拍摄的效果较好（图3-4-2）。

从采光角度来分析，通常将采光角度分为五种，即正面光、侧光、顶光、逆光和散射光。

图3-4-2　光线的运用

1. 正面光

采用正面光拍摄，是指照相机的拍摄方向与光线方向基本一致。光在画面中分布较大，花卉主体受光面均匀，可以表现出花卉的艳丽色彩。正面光下的测光比较简单，通常采用平均测光方式就可轻松完成拍摄。但这种光位的缺点是花卉缺乏立体感、层次感，影调平淡（图3-4-3）。

图3-4-3　正面光

2. 侧光

运用侧光（前侧光或后侧光）来拍摄花卉，它是最常用的摄影用光之一。侧光能突出花卉的层次与色彩。侧光下的主体表面会呈现清晰的阴影区域，根据光线强度的不同，主体的明暗反差也有所不同。由于侧光可以让主体画面出现清晰的明暗区域，因此，立体感会更加突出，作品的视觉效果更强烈。这种采光对花卉光照造型效果好，立体感强，层次分明，阴影和反差适度，色彩明度和饱和度对比和谐适中。一般用中央重点测光或平均测光就可以应对绝大部分光线环境（图3-4-4）。

图3-4-4　侧光

3. 顶光

运用顶光拍摄，也就是光线自上而下进行照射，每天的正午时分是顶光最为强烈的时间段。此时，光线投射在花卉的顶部，正面受光少，使得画面反差大，缺乏层次，故这种光线很少运用。但如果希望得到顶光的特殊效果时，可以选择这一时间进行拍摄。当顶光过于强烈时，画面的色彩会出现"过白"的情况，这时我们可以尝试降低曝光补偿，让画面重新回归正常（图3-4-5）。

图3-4-5　顶光

4. 逆光

逆光摄影能突出花卉的光影效果与层次。光线从后面照射物体，能勾画出花卉的轮廓线，如果花瓣质地较薄，会使之呈现透明或半透明状，可以更细腻地表现出花的质感和纹理。但逆光拍摄时，要注意花卉暗部必须进行补光及选用较暗的背景衬托，如此才能更突出地表现花卉形象。如要强调逆光效果，可用点测光对花卉的受光面测光，适当运用反光板对暗部补光（图3-4-6）。

图3-4-6　逆光

5. 散射光

散射光也是较为理想的光源，它运用灵活，不受光源的方向性限制，受光面均匀，影调柔和，反差适中。如选择雨后的散光拍摄会使花卉显得清新自然，光彩动人（图3-4-7）。

图3-4-7 散射光

（二）花卉摄影的构图

花卉摄影的构图，是花卉摄影的一项主要技法，也是一种重要的造型手段。在具体构图上，一般的拍摄都要遵循黄金分割法、三分法等一般法则。其中，三分法原则就是将画面用两条竖线和两条横线分割，呈"井"字状，这样就可以得到4个交叉点，然后再将需要表现的兴趣重点放置在4个交叉点中的一两个或者某一条线上即可（图3-4-8）。

图3-4-8 三分法原则

构成花卉摄影构图的要素有很多，主要有以下几点。

1. 色彩

花卉是以色彩和造型取胜的，花卉摄影应注意色彩的处理。一幅花卉摄影作品要有和谐的色调，不能杂乱无章。每种花卉都有自己的色彩特点，要根据不同的主题、不同的光线条件和不同的背景，确定自己要采用的色调（图3-4-9）。

图3-4-9 色彩的使用

2. 成像大小

在花卉摄影作品中，花朵于整幅画面中所占的位置大小、画面的配置和花卉的取舍要依据摄影者的创作意图而定。拍摄整体造型或局部特写时，花卉在画面中占据的位置都有所不同，应突出主体，疏密相间，防止喧宾夺主、杂乱无章（图3-4-10）。

图3-4-10 成像大小的选择

3. 角度

角度是指拍摄时照相机与拍摄对象之间的位置关系。俯拍、仰拍、左拍、右拍，都会形成高低左右不同的拍摄角度。角度稍微变化就会对构图发生影响，所以，选择适合的拍摄角度对拍摄花卉来说是非常重要的。当然，为了让作品有新意，有时可采取反常规的角度拍摄花卉，会取得意想不到的效果（图3-4-11）。

图3-4-11 角度的选择

4. 影调与层次

影调主要是指花卉受照射光的影响而产生的明暗层次。用正面光拍摄的花卉，影调明朗；用逆光拍摄，影调较暗；用侧光拍摄，叶片和花瓣上就会有明暗，层次分明。不同的影调有着各自特殊的效果，明调清新，暗调深沉，中间调明快。无论明暗影调，都应着力去表现花卉的层次和立体感，若不讲究影调，花的质感就不能很好地表现出来（图3-4-12）。

图3-4-12 影调与层次

5. 线条

线条是花卉摄影的重要因素之一，没有线条，就没有花卉的形态。在一幅花卉作品中，线条好比骨架，色彩好比肌肤，缺一不可。在考虑构图时，要注意分析被摄花卉线条的曲直、粗细、疏密、远近、高低、长短、主次、虚实，善于有取舍地加以选择和利用，使线条在画面上既有对比，又配合得体。在线条的选择上，要注意花卉的性格和特点（图3-4-13）。

图3-4-13 线条的选择

6. 虚实

虚实是摄影艺术构图因素中一个特有的表现手段。其是借助于景深原理和镜头的特性完成的。运用虚实对比，目的是突出主题，渲染气氛，增强艺术效果（图3-4-14）。

图3-4-14 虚实的运用

（三）背景的处理

背景的处理是决定花卉摄影作品好坏的重要因素。在花卉摄影构图上，背景起着陪衬和烘托主题的作用。

背景处理的方法较为多样，主要可分为两类，第一类是利用自然条件，因势利导选择背景，就地取材。在自然景物中，如天空、地面、草丛、湖水、树林等，都可以选作背景。第二类是人工布置背景，用彩色纸或彩色布衬托于花卉背景后即可。背景用色，纯度和明度都不能过高，一般用较深暗的色彩，否则会破坏主体和画面的整体效果（图3-4-15和图3-4-16）。

图3-4-15 背景的处理

图3-4-16 背景的处理

（四）花卉摄影中意境的创造

很多摄影者拍摄的花卉作品，尽管形象逼真，色彩艳丽，却失于直白，成了记录式的花卉品种介绍。主要原因就是缺少意境而有形无神，艺术表现力不强。

意境是艺术创作和艺术欣赏中衡量作品艺术美的一个重要标准，在中国古代文论、画论中，有许多有关意境的论述。这些论述道出了艺术创作的真谛：只有融入作者对生活的真知灼见、真情实感，并借助娴熟的艺术表现技巧，写景状物，做到寓情于景，情景交融，作品才会具有深长的意境和丰富的内涵，才能有较强的艺术感染力和长久的艺术生命力。这些见解均为花卉摄影提供了很好的借鉴（图3-4-17）。

图3-4-17　意境

1. 选择生动形象，以形写神

花卉摄影中意境的创造，必须通过生动的花卉形象来传达；但仅追求花卉形象的逼真，不经一番认真的选择和缜密的构思，很容易落入自然美的陷阱。所以，在花卉摄影中，只有经过精心选择，在自然状态中抓住花卉最为感人的形象特征，才能以形写神，创作出形神兼备、生动感人的花卉摄影作品（图3-4-18）。

图3-4-18　形象的选择

2. 倾注饱满情感，以情表意

花卉摄影中的意境创造，离不开摄影者的情感表达。"有情写景意境生，无情写景意境亡"。摄影者在进行花卉摄影创作时，只有见景生情，将自己在生活中体验到的某种情感融会到所要表现的具体形象中去，才能够创作出寓情于景、借景抒情的艺术作品（图3-4-19）。

图3-4-19　以情表意

3. 营造诗情画意，含蓄抒情

花卉摄影是一种美的创造，花卉摄影的意境表达，也应该优美抒情，带给人美感和愉悦。毕竟盛开的鲜花是大自然赐给人类最美的风景。在进行花卉摄影创作时，不仅要充分酝酿情感，巧妙构思立意，还应运用光线、影调、线条等摄影语言，调动疏密搭配、色彩布局、背景处置等艺术手段，凭借娴熟的技术技巧，努力营造出一种既富有诗情画意又优美含蓄、耐人寻味的艺术氛围，给人以轻松洗练、委婉动人的美感享受（图3-4-20）。

图3-4-20　营造艺术氛围

五、练习题

1. 熟悉花卉摄影的拍摄步骤。
2. 分组拍摄公园花卉和校园花卉摄影作品。选用不同的曝光组合和构图对同一花卉进行拍摄，分析不同的拍摄效果。

夜景摄影作品欣赏　建筑摄影作品欣赏　花卉摄影作品欣赏

项目四

人物摄影

任务一 室外人物摄影

本任务主要让学生了解室外人物摄影拍摄的技巧。通过完成任务，了解室外人物摄影拍摄要注意的问题和要求，熟悉室外人物摄影的流程和步骤。

一、任务描述

任务描述如表4-1-1所示。

表4-1-1 任务描述表

任务名称	室外人物摄影
一、任务目标	
1. 知识目标 （1）掌握室外人物摄影的方法。 （2）了解室外人物摄影的构图和用光。 2. 能力目标 （1）熟悉室外人物摄影中常用曝光参数的设置。 （2）在室外人物摄影中熟练运用基本构图技巧。 （3）根据不同的创意独立完成室外人物摄影作品的拍摄。 3. 素质目标 （1）培养思考、探究的能力。 （2）培养学习新知识与技能的能力。 （3）巩固培养正确、熟练使用照相机和附件的能力。 （4）培养和拍摄对象进行良好沟通的能力	

任务名称	室外人物摄影

二、任务内容

（1）了解室外人物摄影的方法。

（2）了解室外人物摄影的技巧和注意事项。

（3）完成室外人物摄影的拍摄任务

三、任务成果

对一般室外人物摄影有较全面的认识，能独立完成室外人物的拍摄任务，并能构思拍摄出有一定创意的室外人物作品

四、任务资源

教学条件	（1）硬件条件：照相机、多媒体演示设备、市内公园、校园等。 （2）软件条件：多媒体教学系统
教学资源	多媒体课件、教材、网络资源等

五、教学方法

教法：任务驱动法、小组讨论法、案例教学法、讲授法、演示法。

学法：自主学习、小组讨论、查阅资料

二、任务实施

1. 进行室外人物摄影时要注意的问题和基本要求

（1）拍摄地点的选择。最好选择光照不太强烈的地点，如河边、操场、公园草地等地点。这里以湿地公园拍摄为例，说明室外人物摄影常用的拍摄方法。

（2）拍摄时间的选择。清晨或傍晚，光线会形成较为明显的色调倾向，适合表现某种画面情调。另外，上午八点到十点、下午四点到六点，太阳与地面会形成一定的角度，光线比较柔和，此时，人物会显得富有层次和立体感。本例就是选择在上午九点拍摄的。

（3）景别的选择。针对人物摄影，景别主要是指选择的拍摄对象是头像特写、半身胸像、半身人像还是全身人像。在人物摄影中应以表现被摄者的形象为主，环境只起陪衬作用。背景范围不宜取得太大，否则不能突出人物的相貌、姿态，失去人像摄影的特点。另外，在构图景别的选择上，要考虑到人物姿态和背景的关系。

（4）光位的选择。如果选择顺光拍摄，要注意光线强烈时会使被拍对象无法睁开眼睛；侧光拍摄，是比较好的并常用的光位，人物立体感较强，需要时可对人物暗部做适当补光。逆光拍摄，背景和人物的光比大，一般以人物受光面曝光为依据，再辅以暗部的补光完成拍摄。

补光的工具有闪光灯和反光板，反光板的效果比较好。它携带方便，使用简单，且由于光源较大，反射出来的光线会比较柔和。可尝试多次补光，找到一个合适的曝光组合。

（5）背景的选择。选择背景时，一般应该以简练为主，将背景中有代表性的东西选上即可，切不可喧宾夺主。

（6）镜头的选择。一般根据不同的景别更换镜头。长焦镜头适合拍摄人物特写、背景虚化的照片；广角镜头适合表现一些夸张的画面。拍摄时，为了方便，使用变焦镜头比较多，它可以减少更换镜头的频率，有利于人像的抓拍。

（7）照相机的保护。外出拍摄要注意照相机的保护，不能将数码照相机长期置放在被阳光直射的地方，还要注意防止早晚的湿气及风沙对照相机的侵蚀。

2. 室外人物摄影的拍摄流程、步骤

（1）选好地点，支好三脚架，架好照相机，准备拍摄；如果要抓拍，可选择手持拍摄。

（2）对照相机主要参数进行详细设定。

1）影像品质：选择JPEG精细或RAW+JPEG模式，保证照片的较高质量。

2）影像尺寸：选择最大尺寸，为后期调整留有余地。

3）焦距：一般情况可选择标准到中焦距段进行拍摄（人物变形较小）；有时根据构图和创意的需要，可适当选择广角镜头。

4）白平衡：根据现场环境选择适合的白平衡。如果没有把握，也可选择自动白平衡拍摄。

5）感光度：根据环境亮度尽量选择低感光度拍摄（如ISO100），以保证照片质量。

6）AF区域对焦模式：一般选择中央单点对焦。也可根据个人习惯进行选择。

7）测光：一般选择中央重点测光或点测光。有一定拍摄经验者建议使用点测光，如此更容易实现自己想要的曝光效果。

8）曝光模式：一般选择光圈优先模式（A）＋曝光补偿进行拍摄，拍摄者先选择较大的光圈（f3.5～5.6），再根据拍摄意图选择合适的曝光补偿。如有一定的拍摄经验，也可选择全手动模式（M）进行拍摄。

（3）摆姿。引导被拍摄者根据拍摄创意摆出合适的姿态，摆拍和抓拍并用。

（4）构图。根据自己的拍摄意图和摄影构图的一般规律进行合理构图。

（5）对焦拍摄。半按快门按钮对焦并测光。室外人物摄影的对焦点一般选择人物面部，这样可使主体成像清晰。然后按住曝光锁定按钮（AE-L）锁定曝光，也可根据画面需求重新构图，屏住呼吸，持续按下快门按钮完成拍摄。

（6）可尝试用不同光位、景别和姿态拍摄多张照片，比较不同的拍摄效果。

（7）拍摄完成后，仔细收拾摄影器材。

3．拍摄样片分析

初春的湿地公园虽然还有一点寒意，但挡不住春天的脚步。图4-1-1中，样片拍摄时间选在上午，柔和的阳光照在模特的脸上，勾画出人物的脸庞；对人物面部进行测光，准确还原肤色；选用侧面形象，更好地表现了人物的曲线美；半侧光拍摄，突出光感；摆拍和抓拍结合，使人物表情自然；背景选择湿地公园中具有代表性的景色。

拍摄样片参数：

照相机：尼康D3000

镜头：尼克尔AF-S DX 18～55 mm f/3.5～5.6G VR

焦距：30 mm

曝光模式：A

光圈：f8

快门：1/60 sec

测光模式：点测光

ISO：100

曝光补偿：-1EV

白平衡：Auto

图4-1-1　样片

三、任务检查

任务检查如表4-1-2所示。

表4-1-2　室外人物摄影任务考核指标

任务名称	序号	任务内容	任务要求	任务标准	分值/分	得分
室外人物摄影	1	室外人物摄影的拍摄技巧	完成对室外人物摄影技巧的全面认识	（1）正确理解并掌握人物摄影的拍摄方法和技巧。 （2）和被摄者有良好的交流与互动	10	

任务名称	序号	任务内容	任务要求	任务标准	分值/分	得分
	2	室外人物摄影的构图和用光	完成对室外人物摄影的构图和用光的认识	（1）熟知摄影用光的重要性和用光的基本方法及技巧。（2）掌握室外人物摄影构图的一般规律	20	
	3	作品拍摄	完成室外人物摄影作品的拍摄	能独立完成室外人物摄影作品的拍摄。构图完整、曝光准确	50	
	4	作业完成情况	按照任务描述提交相关实践作品	按时上交符合要求的拍摄实践作品	15	
	5	工作效率及职业操守		时间观念、团队合作意识、学习的主动性及操作效率	5	

四、相关知识点准备

（一）人像摄影中景别的介绍

1. 人像特写

人像特写是指画面中只包括被摄者的头部（或者包括眼睛在内的头部的大部分），以表现被摄者的面部特征为主要目的。由于被摄者的面部形象占据整个画面，此类照片给观众的视觉印象强烈。与其他景别相比，人像特写对拍摄角度的选择、光线的运用、神态的把握、质感的表现等要求更为严格。人像特写常用中长焦距镜头，这样变形小、主体突出（图4-1-2）。

图4-1-2 人物特写

2. 半身胸像

半身胸像包括被拍摄者的头部和胸部，以表现人物面部相貌为主。背景环境在画面中占很少的一部分，仅作为人物的陪衬。半身胸像能使被摄者给观众以强烈的印象。同时，少部分背景可以起到交代环境、美化画面的作用。拍摄时，宜使用中长焦距的镜头拍摄（图4-1-3）。

图4-1-3 半身胸像

3. 半身人像

半身人像往往从被摄者的头部拍到腰部，或腰部以下膝盖以上。半身人像与半身胸像或特写人像相比，画面中有了更多的空间，可以表现更多的背景环境，构图富于变化。同时，由于画面里包括被摄者的手部，因此可以借助手的动作展现被摄者的内心状态（图4-1-4）。

图4-1-4 半身人像

4. 全身人像

全身人像包括被摄者完整的形体和面貌，同时容纳了较多的环境，使人物形象与背景环境互相结合。拍摄时，在构图上要注意人物和背景的结合，以及被摄者姿态的处理（图4-1-5）。

图4-1-5　全身人像

图4-1-6　横幅格式

图4-1-7　竖幅格式

（二）选择合适的画幅格式

人像摄影的画幅格式，最常见的是横幅与竖幅（图4-1-6和图4-1-7）。除此之外，也可以选择方形、圆形、扇形等。具体采用哪种格式，要考虑以下两个方面的因素。

1. 被摄者的情况、姿势和背景环境的特点

要根据被摄者的情况、姿势和背景环境的特点确定画幅格式。比如拍摄单人全身，多采用竖幅格式；拍摄两人的半身胸像，常用横幅格式；而拍摄许多人的群像，就要选横幅构图。在确定画幅格式时，还要考虑被摄者的姿态，如拍摄单人全身像时，若被摄者倚卧在草坪上、海滩上，宜用横幅拍摄。此外，还要考虑背景的特点以选择适当的画幅，比如同样是半身人像，以大海为背景常用横幅格式，以树木为背景则常选用竖幅格式。

2. 摄影者的意图

可以根据摄影者的意图，适当地选用不同的画幅格式。如拍摄人物特写和半身胸像时，可根据摄影者的审美观点和主观意愿采取横幅或竖幅的构图形式。

（三）选择最佳拍摄方向

同一个人物，从不同的角度去观察效果不同，有的角度显得更完美，更有神韵。在拍摄人像时，拍摄者要力求找准被摄者最美、最动人的角度。拍摄方向以被摄者为中心，大体分为正面人像、七分面人像、三分面人像、侧面人像。

1. 正面人像

正面人像适用于那些五官端正、脸型匀称而漂亮的人物。如果被摄者脸围太胖、太宽、太瘦、两侧不均，或者两眼大小不一，鼻子、嘴形不正，一般不宜从正面拍摄（图4-1-8）。

2. 七分面人像

七分面人像是指被摄者面部略微向一侧转动，但从照相机的方向仍能看到被摄者脸部正面的绝大部分。这种拍摄方向不仅能表现出被摄者的正面相貌，而且显得灵活并富于变化。拍摄中如果被摄者脸部两侧轮廓线条不十分对称，可让其转向轮廓好看的一侧，扬长避短（图4-1-9）。

图4-1-8　正面人像

图4-1-9　七分面人像

3. 三分面人像

　　三分面人像是指被摄者比七分面的拍摄角度更侧转一点。此时，被摄者面部较窄那面的轮廓线条更鲜明；面部较宽那面的轮廓线条在视觉上不那么突出。颧骨太高的人不太适合用三分面拍摄。拍摄三分面人像时，被摄者的鼻尖不要接触或超出脸围的轮廓，否则就成侧面人像了（图4-1-10）。

图4-1-10　三分面人像

4. 侧面人像

　　侧面人像是指被摄者面向照相机正侧方。从这个方向拍摄，其造型特点在于着重表现被摄者侧面的形象，包括额头、鼻子、嘴巴、下巴的侧面轮廓。当然，如果拍摄半身或全身人像，也包括身体的侧面轮廓。从侧面拍摄时，被摄者的身体不一定要与照相机镜头光轴成90°，而是脸部朝向侧面，身体可以朝向斜侧面或正面。五官轮廓清晰、有特点的人物适合侧面拍摄，这样可最大限度地突出人物的面部特征（图4-1-11）。

图4-1-11　侧面人像

（四）室外人像摄影用光

　　摄影是光与影的艺术，没有光线就没有摄影。人像摄影的用光更能体现摄影师艺术水平的高低。与人物摆姿、安排道具和选择背景等相比，用光在人像摄影中起着决定性的作用。

　　太阳带来了光明和色彩，是典型的自然光，也是在室外人像摄影中运用最多的光源。从时间上看，在中午的阳光下，人物身上会形成较大的明暗反差，阴影浓重；早晚光线比较柔和，且照射角度低，是拍摄室外人像的理想光线。这时，只要对暗部适度补光，就可以拍摄出理想的效果。

　　在自然光下进行人像拍摄时，测光要以人物的面部为基准。用数码照相机拍摄人像时，曝光应稍欠一点，这样后期处理余地较大，并能恢复更多的影纹层次（图4-1-12）。

图4-1-12　自然光人像

根据气候和光源角度的不同，可以将自然光分为晴天时的顺光、侧光、逆光和阴天的散射光等多种主要的光线。合理选择光源角度是人像摄影成功的关键因素之一。

1. 顺光

虽然在晴天的顺光下拍摄的照片常用，拍摄手法也较为简单，但其画面效果较为平淡。顺光拍摄的优势在于比较容易控制背景曝光，不用补光就能完美地拍出大自然的色彩。顺光拍摄应注意处理好画面人物易眯起眼睛的问题。解决这一问题的办法是，尽量让人物不要正视阳光（图4-1-13）。

图4-1-13　顺光拍摄

2. 侧逆光

侧逆光是最常用的室外人像拍摄用光。让光线从左侧或右侧射向被摄者，能较好地表现人物的立体感和面部表情。为了保持良好的光影效果，可以使用反光板局部补光（图4-1-14）。

图4-1-14　侧逆光拍摄

3. 逆光

利用逆光来表现拍摄主体的明暗反差，可以形成轮廓鲜明、线条强劲的造型效果。但是，由于光线是从被摄体背后射过来的，面部阴影较重，因此，一定要用反光板或闪光灯补光（图4-1-15）。

图4-1-15　逆光拍摄

4. 散射光

阴天的散射光是最自然的用光方式，此时画面层次丰富，色彩表现自然，也最容易拍摄。但摄影师需要注意画面反差及人物与环境的配合，不要让背景产生"喧宾夺主"的效果（图4-1-16）。

图4-1-16　散射光拍摄

（五）人物摆姿技巧

在人像摄影中，人物的姿态是画面构图中的重要元素之一，肢体语言和表情控制很大程度上决定了照片的最终效果。掌握拍摄人像的要诀、调动模特的情绪、学会使用不同的道具及在各种场景下的摆姿方法，对于拍摄好人像有着重要的影响。

1. 头部角度

不同的头部角度会使被摄者表现出不同的美感或画面意境。头部角度可分为仰、俯、侧、斜等，仰头代表高傲，俯头代表天真，侧头代表清纯，斜头代表可爱等（图4-1-17）。

图4-1-17　头部角度

2. 人物坐姿

坐姿以与照相机呈45°斜向坐姿为基准，分成斜侧向坐姿、背向坐姿与侧背向坐姿三种（图4-1-18）。而以上下身躯干所形成的角度来区分，则可分为直角坐姿、钝角坐姿与锐角坐姿。在拍摄坐姿人像时应注意以下几个方面：

图4-1-18　人物坐姿

（1）坐姿人像适合表现静态的表情。

（2）对关节处的处理是关键。一般情况下，很少采用正面坐姿拍照，因为这时膝盖冲向镜头，大腿会显得粗短笨拙。

（3）人物不要坐得太实，应虚坐，脊背不能靠在椅背上，注意用脊梁骨去支撑上半身。

（4）摆坐姿造型时，要从镜头中寻找最恰当的身体比例。身体裸露部位，如臂弯、腰腹、大腿等处，切不要显露因转动挤压造成的肌肉扭曲的线条。

3. 人物站姿

站姿是人物摄影中主要的摆姿之一。在此姿势下，头部、躯干、四肢一般都会进入画面，如何摆好站立的姿态，对摄影师来说是一个重要的考验。拍站姿应注意以下几点：

（1）一条腿站直，另一条腿自由交叉或稍稍抬起，站直的一条腿不要弯曲，抬起的一条腿保持平衡。

（2）头部、胸部、臀部的垂线一般不在一条直线上。让身体主线形成曲线或"S"线。

（3）头部、胸部、臀部形成的体块平面一般不应在一个平面内。例如，胸部体块正向时，面部要侧向；胸部侧向时臀部应转向正面等（图4-1-19）。

图4-1-19　人物站姿

4. 人物躺姿

模特躺着能够很好地展现身体的曲线。躺姿包括正面躺、侧面躺及倚靠着躺等各种动作。躺姿应特别注意手脚的摆放，以丰富的画面和线条的变化，更好地表现出模特的美感。在摆姿时，四肢应该轻轻地触碰支撑面，否则，会让人感觉被摄对象懒散、没有精神（图4-1-20）。

图4-1-20　人物躺姿

5. 道具的使用

道具的使用能让照片增色不少，借助一些简单、随手易得的小道具可以丰富照片的内容，增添照片生气，也可以使照片中的人物更生动活泼。对于缺乏经验的模特来说，巧妙地运用道具还可消除紧张感。当然，道具的选取一定要和照片的主题、场景环境相适应。摄影时的常见道具主要有椅子、帽子、眼镜、鲜花、玩具、包包、气球、照相机、遮阳伞等（图4-1-21）。

五、练习题

1. 熟练掌握室外人物摄影的构图与用光。
2. 熟练掌握室外人物摄影的拍摄技巧，独立完成室外人物摄影作品两幅。

图4-1-21　道具的使用

任务二　证件照摄影

本任务主要让学生了解证件照拍摄的技巧。通过完成任务，了解证件照拍摄需要注意的问题和要求，熟悉证件照的拍摄流程和步骤。

一、任务描述

任务描述如表4-2-1所示。

表4-2-1　任务描述表

任务名称	证件照摄影
一、任务目标	
1. 知识目标 （1）掌握证件照的拍摄方法和要求。 （2）简单了解摄影棚的常规布置要求。 2. 能力目标 （1）能按正确的操作步骤拍摄证件照。 （2）掌握摄影棚证件照拍摄的布光方法。 （3）能简单使用摄影棚中的灯具。 3. 素质目标 （1）培养良好的动手、动脑能力。 （2）培养学习新知识与技能的能力。 （3）培养正确、熟练使用照相机、影室灯和相关附件的能力。 （4）培养和拍摄对象进行良好沟通的能力	
二、任务内容	
（1）掌握正确拍摄证件照的基本方法和要点。 （2）掌握证件照拍摄的布光方法	
三、任务成果	
通过拍摄实践，掌握室内证件照的拍摄方法及基本布光方法；简单了解摄影棚灯具的使用方法。能独立完成证件照的拍摄任务	

任务名称	证件照摄影
四、任务资源	
教学条件	（1）硬件条件：照相机、多媒体演示设备、摄影棚等。 （2）软件条件：多媒体教学系统
教学资源	多媒体课件、教材、网络资源等
五、教学方法	
教法：任务驱动法、小组讨论法、案例教学法、讲授法、演示法。 学法：自主学习、小组讨论、查阅资料	

二、任务实施

1. 证件照拍摄需要注意的问题和基本要求

（1）硬件环境。正规的证件照都在摄影棚中拍摄，根据不同的要求选择纯色（白、红、蓝）的无缝背景布做背景。对要求不严的证件照，也可以在一般的室内拍摄，用白色的布或白色墙面做背景即可（后期可用软件换取自己想要的背景）。在背景前约2 m处架好三脚架，调整好光源的位置。

（2）照相机。证件照拍摄对数码照相机的要求不高，一般用入门级数码单反即可，比较高级的便携袖珍照相机也可拍摄证件照。如果要用影室闪光灯，照相机必须具有闪光同步热靴装置。

（3）闪光灯。在摄影棚中拍摄证件照，必须有不少于4盏可移动并可方便调节高度的影室闪光灯。另外，还需要准备一张反光板，以便进行阴暗面的补光、控制大反差时的光影效果。

（4）让被摄者在拍摄背景正前方1 m左右的位置坐下。

一般常规要求如下：

1）做到姿态端庄稳重。被摄者端坐在椅子上，脸部正对照相机，两手放在腿上，两肩放松，头发、衣领等保持整齐，眼睛看着照相机的镜头。

2）照相机角度要水平。照相机一般固定在三脚架上，与拍摄者眼睛平行，否则会引起变形。

3）布光要恰当。在光质的选择上，一般选择经柔光箱或反光伞柔化的光源；在光位的选择上，现在多数选择正面上方左右主光照明，这样可做到面部没有明显的阴影。背景光也须布置左右两盏，对背景布做均匀照明。

4）对焦准确。对人物眼部精确对焦，被摄者保持不动。

5）合理构图。一般证件照要求左右对称，头顶有一定空间，嘴巴一般处于画面中央位置。身份证照片的构图要求比较特殊，有更具体的规定。

6）正确的拍摄方法。采用摆拍与抓拍相结合的拍摄方法，在被拍摄者表情最自然的情况下按下快门。

2. 证件照摄影的拍摄流程、步骤

（1）在摄影棚中用纯色无缝背景布做背景，放好模特凳，使被拍摄者端坐其中，按证件照的要求布好灯光，在被拍摄者正前方支好三脚架，架好照相机，准备拍摄。

（2）对照相机主要参数进行详细设定。

1）影像品质：选择JPEG精细或RAW+JPEG模式，保证照片的较高质量。

2）影像尺寸：选择最大尺寸，为后期调整留有余地。

3）焦距：一般情况选择标准焦距至中焦段（相当于135传统照相机50～135 mm）拍摄。避免广角端夸张变形、长焦端对脸部刻画缺乏立体感。

4）白平衡：根据现场环境选择适合的白平衡。如在摄影棚拍摄，要使色彩还原准确，白平衡的选择要和摄影灯一致（一般选择闪光灯白平衡即可）。

5）感光度：根据环境亮度尽量选择低感光度拍摄（如ISO100）。保证照片质量。

6）AF区域对焦模式：一般选择中央单点对焦，也可根据个人习惯选择。

7）测光：摄影棚当中的测光非常重要。因为用的是室内闪光灯，不是持续光源，因此，照相机的内测光系统是不能使用的。一般必须选用外置测光表进行入射式测光，具体测光的方法是：首先将外置测光表

设为点测光方式、感光度设为ISO100、快门速度设在闪光同步速度以下，一般设置为1/125 sec；再将测光表放置在人物面部要准确曝光的部位，感光球朝向照相机，用闪光灯触发器触发布置好的闪光灯，测得光圈值。准确的测光是拍摄的关键。在摄影棚中，控制曝光量的方法主要是通过照相机的光圈大小和影室闪光灯的功率大小及闪光灯距离被拍摄者的远近来实现的。如果没有外置测光表，可多次试拍得到合适的曝光组合。

8）曝光模式：选择全手动模式（M）进行拍摄。把事先用外置测光表测得的曝光组合设置到照相机上。

（3）将闪光灯同步触发器插在照相机的闪光热靴插座上，同时打开影室灯上的接收器开关（另外，要注意将接收器和触发器的频道调节至一致）。

（4）调整被拍摄者的坐姿、头部的方向、位置。摄影师应适当引导被拍摄者，拍摄者表情轻松自然时为最佳拍摄时机。

（5）构图。根据证件照的拍摄使用要求合理构图。

（6）对焦拍摄。半按快门按钮对焦（或快门线按钮）。证件照拍摄的对焦点一般在人物的眼睛部位，也可根据画面需求重新构图，持续按下快门按钮完成拍摄。

（7）可尝试用不同的曝光组合进行拍摄（主要调节光圈大小和影室闪光灯功率大小及闪光灯距离被拍摄者的远近），比较不同的拍摄效果。

（8）拍摄完成后，仔细收拾摄影器材。

3. 拍摄样片分析

证件照的拍摄是影室人像的基础，也是非常实用的拍摄内容。应根据拍摄证件照的要求布光。即使是简单的证件照，也要适当引导被拍摄者，使其表情自然，抓取最佳拍摄时机（图4-2-1和图4-2-2）。

图4-2-1 样片

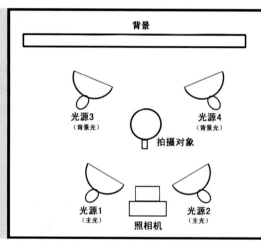

图4-2-2 布光图

拍摄样片参数：
照相机：尼康D3000
镜头：尼克尔AF-S DX 18~
　　　55 mm f/3.5~5.6G VR
焦距：40 mm
曝光模式：M
光圈：f8
快门：1/125 sec
测光模式：外置测光表入射式
　　　　　点测光
ISO：100
曝光补偿：0EV
白平衡：闪光灯

三、任务检查

任务检查如表4-2-2所示。

表4-2-2 证件照摄影任务考核指标

任务名称	序号	任务内容	任务要求	任务标准	分值/分	得分
证件照摄影	1	证件照的拍摄方法和要求	完成对证件照拍摄的方法和要求的了解	（1）熟练掌握证件照的拍摄方法。（2）理解摄影棚闪光摄影时照相机参数的设置	10	
	2	证件照的布光方法及摄影棚知识	完成对证件照的布光方法和摄影棚知识的了解	（1）掌握证件照的布光方法。（2）了解摄影棚的基本布置。（3）能简单使用摄影棚灯具	20	

任务名称	序号	任务内容	任务要求	任务标准	分值/分	得分
证件照摄影	3	作品拍摄	完成证件照摄影作品的拍摄	能独立完成证件照摄影作品的拍摄	50	
	4	作业完成情况	按照任务描述提交相关实践作品	按时上交符合要求的拍摄实践作品	15	
	5	工作效率及职业操守	—	时间观念、团队合作意识、学习的主动性及操作效率	5	

四、相关知识点准备

（一）证件照的分类

证件照按照尺寸来分主要有一寸、小二寸、二寸三种。其中一寸和二寸主要用于各种毕业证书、简历等，小二寸主要用于护照。

（二）常见证件照的尺寸和标准

一寸证件照尺寸：25 mm×35 mm，在5寸相纸（12.7 cm×8.9 cm）中排8张。

二寸证件照尺寸1：35 mm×49 mm，在5寸相纸（12.7 cm×8.9 cm）中排4张。

二寸证件照尺寸2：35 mm×52 mm。

护照证件照尺寸：33 mm×48 mm。

毕业生证件照尺寸：33 mm×48 mm。

赴美签证照尺寸：50 mm×50 mm。

日本签证照尺寸：45 mm×45 mm。

（三）部分证件照具体规定和常识

1. 标准证件照的定义

证件照的要求是免冠（不戴帽子）正面照片。照片应显示人的两耳轮廓和喉结，照片尺寸可以为一寸或二寸，颜色可以为黑白或彩色，拍照时不得涂抹唇膏等影响真实面貌的色彩，包括染色的头发（图4-2-3和图4-2-4）。

2. 驾驶证标准照规格

《中华人民共和国道路交通安全法》中规定：申请机动车驾驶证人员的照片标准为：持证者本人近期免冠一寸照片。

（1）白色背景的彩色正面照片，矫正视力者须戴眼镜。

（2）规格为32 mm×22 mm，人头部长度19~22 mm，头部宽度14~16 mm。

图4-2-3 标准证件照   图4-2-4 毕业生证件照

3. 身份证标准照规格

居民身份证（第二代）照片标准应为公安部制定《居民身份证制证用数字相片技术要求》（GA/T461—2019）：

（1）照片规格：358像素（宽）×441像素（高），分辨率350 dpi。照片尺寸为32 mm×26 mm。

（2）颜色模式：24位RGB真彩色。

（3）要求：不着制式服装或白色上衣，常戴眼镜的居民应配戴眼镜，白色背景无边框，要求人像清晰，层次丰富，神态自然，无明显畸变。

（4）人像在照片矩形框内水平居中，脸部宽207像素±14像素，头顶发迹距照片上边沿7~21像素，眼睛所在位置距照片下边沿的距离不小于207像素，当头顶发迹距照片上边沿距离与眼睛所在位置距照片下边沿的距离不能同时满足上述要求时，应优先保证眼睛所在位置距照片下边沿的距离不小于207像素，特殊情况下可部分切除耸立过高的头发。照片下边缘以刚露出锁骨或者衬衣领为准。

4. 新版中国护照标准照规格

（1）必须是本人6个月内的近照。

（2）必须是正面（头像居中）免冠照片（可见双

耳、双眉），不佩戴首饰，不化浓妆；配戴眼镜者，眼镜不能反光。照片背景为白色。

（3）穿着有衣领的服装照相，避免穿吊带或领口较大的衣服。

（4）照片规格：48 cm×33 mm；头部宽度为21~24 mm，头部长度为28~33 mm。

（四）摄影棚场地一般要求

（1）面积要求：面积最好不小于50 m²，纵向不小于8~10 m。

（2）高度要求：影棚室内高度不应小于3.5 m，如高度太低，顶置光源可能悬挂不下。

（3）墙壁天花板和地面：摄影棚的墙壁、天花板，最好能用亚光涂料涂成深灰色，粘贴灰色壁粘效果更好。地面可以铺深色地砖或深色地毯，深灰色最佳。

（4）无影墙：若条件允许，可在影棚的一端建造无影墙。无影墙为U形墙体，可用胶合板制作U形底端，将墙体及地面抹平，再从天花板到地面喷涂白色亚光涂料即可。

（5）化妆区：影棚内如面积足够大，可搭建单独的化妆间，供被拍摄者化妆更衣使用。如空间不足，也可用移动幕布单独围挡一个角落，供被拍摄者临时更衣使用。

（6）电源插座：影棚内要预留充足的电源插座，便于闪光灯电源箱和其他电器使用。

（7）照明：在影棚顶部安装几盏工作灯，用20 W左右的节能灯就可以。

（8）工作台：在影棚角落里放置电脑工作台，以便随时观看拍摄效果。

（9）背景布：植绒背景布色彩饱和度好、品质细腻、表面有植绒，吸光性好，非常适合人物摄影。尺寸：3 m宽，长度不限，最好不要低于7 m。颜色有黑色、灰色、白色、黄色、天蓝色、红色、绿色等，如有可能也可准备几幅主题背景。

（10）背景卷放机：背景卷放机用于背景布的收放，安装在距离地面2.8 m以上的位置。6轴卷放机可以同时悬挂6张背景布，也可以按要求单路收放（图4-2-5）。

（五）摄影棚中的灯光分类和特点

摄影中的光源一般可分为自然光源和人工光源。其中摄影棚中的光源主要使用人工光照明。人工光照明的特点是灵活方便，强度、方向、高度、距离、色温可控，摄影棚灯具为室内摄影主要光源。一般摄影棚灯光分为连续光灯和闪光灯两大类。

图4-2-5　摄影棚内景

用连续光灯拍摄和在太阳光下拍摄一样，看到的效果就是最终的效果，测光也可以用机内测光来判断。但是，此类灯一般色温都比较低（2 800~3 200 K）并且不稳定，电压变化会引起色温大范围变化；而且存在发热量大、不安全、光量较小等缺陷，虽然现在色温接近日光的连续光源如太阳灯，性能比较稳定，但亮度还是不够高，以至于现代摄影棚很少选用连续灯光。连续灯光主要有聚光灯、散光灯、石英碘钨灯、太阳灯等。

闪光灯是现代影棚摄影最方便、最适用、用得最多的一种照明工具。其最大的特点是发光强度大、发光持续时间短、色温稳定。

1. 闪光灯的分类

（1）独立式闪光灯。独立式闪光灯是一个独立单体，使用时安装在照相机上，安装方式不一，有的用同步软线连接，有的用照相机顶部的同步闪光插座连接，也有的用引闪器离机无线引闪连接。这种闪光灯的特点为使用携带方便灵活、输出功率大、光线造型效果好。

（2）内置式闪光灯。内置式闪光灯安装在照相机内部，与照相机一体。其主要功能有在低照度下自动闪光、逆光补光闪光、预防红眼闪光、夜景闪光等。这种闪光灯使用方便但功率小、闪光角度单一。

（3）影室闪光灯。影室闪光灯的特点是功率大、调节方便，最适合在摄影棚当中使用。其详细功能将在后面的任务中进行讲述。

2. 闪光灯的闪光指数

（1）闪光指数的概念。闪光指数是闪光灯闪光强度的一种量制，以英尺或米为计算单位。缩写为"GN"。其是闪光摄影指示标准曝光的依据。指数值越大，闪光输出功率越大。

（2）闪光指数与感光度的关系。同一闪光输出功率的闪光灯，当选择不同感光度拍摄时，其闪光指数会发生变化。闪光指数一般表示为"闪光指数×× m（ISO100/21°）"，它只表示了感光度为ISO100（闪光灯焦距50 mm）的闪光指数，如果换用其他的感光度就不适用了。因此，换用感光度应重新计算其闪光指数，其公式如下：

$$新闪光指数=原闪光指数×\sqrt{新感光度ISO/原感光度ISO}$$

在闪光摄影中，如何确定光圈的大小是决定影像曝光准确的重要因素。光圈、闪光指数、闪光灯到被摄体之间的距离这三者之间的关系为

光圈（f/）=（新）闪光指数/闪光灯到被摄体之间的距离

注意： 拍摄时被摄体务必在有效距离范围内，否则会导致曝光不足。

3. 闪光同步

闪光同步是指当照相机快门全开的瞬间，正好是闪光灯闪光亮度的顶峰，能够使整个画面都得到闪光的感光。由于闪光灯发光时间极短，如果不是在照相机快门完全开启时触发闪光，就会造成部分画面未受到闪光。不同结构照相机的闪光同步快门不同：

镜间快门：一般情况下任何一级快门速度都可同步（120中画幅照相机部分为镜间快门）。

横向运动帘幕快门：同步速度较慢，一般为1/60 sec、1/45 sec、1/30 sec。

纵向运动帘幕快门：同步速度较快，一般为1/125 sec、1/90 sec、1/200 sec、1/250 sec、1/300 sec；现代较专业的照相机如与专用的独立式闪光灯配合，可实现全速同步闪光摄影。

现在的135数码单反照相机快门结构一般都是纵向运动帘幕快门，因此，在摄影棚中用大型室内闪光灯拍摄时，照相机快门速度多设为1/125 sec。

如果不太了解详细情况，最安全的快门速度为1/30～1/60 sec，不用担心运动对象会虚掉，因为这个时候控制曝光时间的是闪光灯的发光持续时间，而不是快门速度。

五、练习题

1. 熟悉室内证件照摄影中的布光方法和摄影棚的基本常规布置。

2. 熟练掌握室内证件照的拍摄方法、步骤和技巧，独立完成室内证件照摄影作品两幅。

任务三 室内人物摄影

本任务主要使学生了解室内人物摄影拍摄的技巧。通过完成任务，了解室内人物摄影拍摄需要注意的问题和要求，熟悉室内人物摄影拍摄的流程和步骤。

一、任务描述

任务描述如表4-3-1所示。

表4-3-1 任务描述表

任务名称	室内人物摄影
一、任务目标	
1. 知识目标	
（1）熟悉室内人物摄影的基本方法。	
（2）了解室内人物摄影的布光技巧。	
2. 能力目标	
（1）较熟练地进行室内人物的拍摄。	
（2）基本掌握在室内人物摄影中根据前期创意要求合理布光的方法。	
3. 素质目标	
（1）培养思考、探究的能力。	
（2）培养学习新知识与技能的能力。	
（3）培养正确、熟练使用照相机、影室灯和相关附件的能力。	
（4）培养和拍摄对象进行良好沟通的能力	

续表

任务名称	室内人物摄影
二、任务内容	
（1）掌握室内人物的拍摄方法和步骤，完成室内人物的拍摄任务。 （2）基本掌握室内人物摄影的布光方法和技巧	
三、任务成果	
通过实践，掌握室内人物摄影的拍摄方法及布光技巧。能合作完成室内人物的拍摄任务，并能构思拍摄出有一定创意的室内人物作品	
四、任务资源	
教学条件	（1）硬件条件：照相机、多媒体演示设备、摄影棚、各种建筑物的内部。 （2）软件条件：多媒体教学系统
教学资源	多媒体课件、教材、网络资源等
五、教学方法	
教法：任务驱动法、小组讨论法、案例教学法、讲授法、演示法。 学法：自主学习、小组讨论、查阅资料	

二、任务实施

1. 室内人物拍摄要注意的问题和基本要求

室内拍摄的重点在于布光，室内一般比室外光线暗一些，拍摄时要注意曝光的准确性。本次任务在摄影棚实施，下面重点讲述摄影棚拍摄的一般方法。

在摄影棚内拍摄作品不受时间、季节的限制。摄影棚硬件设施一般需要具备三大器材：其一为灯光器材；其二为背景器材；其三为道具器材。专业影棚是在一个特定环境下由专业摄影器材组成的室内摄影场所。专业影棚要有足够的面积和高度，以便摆放各种影室灯和布光。有的专业影棚内还搭有各种背景，包括背景布及实景等。专业影棚可以满足各种拍摄需要，在这里，拍摄者可通过调整影室灯的位置及布光形式，模拟出各种光线效果。

在拍摄前可先和模特交流，了解模特的性格特点。根据人物特点，背景选择纯色背景，突出主体人物；在拍摄角度上，选择正面的角度进行拍摄；然后，被拍摄者摆好基本姿态，就可以布光了。在布光时，应一盏一盏地布设，先在画面的左前方打一个带柔光箱的主光，然后在右前方用反光板对暗部补光，使暗部不至于漆黑一片，再在前上方打一个眼神光；最后，在后面的纯色背景上打一个带标准罩的背景光，使背景有一个渐变效果，将人物和背景分开，拉开画面的空间感。在布影室灯时，打开造型灯，观察照射到人物上的光线，可根据需要在闪光灯上调节每个灯输出功率的大小。

2. 室内人物的拍摄流程、步骤

（1）选好拍摄点，支好三脚架，架好照相机，准备拍摄。有时为了抓拍、灵活变化拍摄角度并与模特交流互动，也可以手持拍摄。

（2）对照相机主要参数进行详细设定。

1）影像品质：选择JPEG精细或RAW+JPEG模式，保证照片的较高质量，尽量选择RAW格式拍摄，可给后期调整提供更大的空间。

2）影像尺寸：选择最大尺寸，为后期调整留有余地。

3）焦距：根据构图和景别的需要，一般情况下可选择标准和中焦端拍摄；特殊情况下可选择广角端拍摄。

4）白平衡：根据现场环境选择适合的白平衡。如在摄影棚用影室闪光灯拍摄，白平衡选择闪光灯白平衡即可。

5）感光度：摄影棚拍摄光线可控，尽量选择低感光度拍摄（如ISO100）。

6）AF区域对焦模式：一般选择中央单点对焦。也可根据个人习惯选择。

7）测光：一般必须选用外置测光表进行入射式测光（具体测光方法在前期任务中已详细说明）。如果没有外置测光表，布好光后可多次试拍获得合适的曝光组合。

8）曝光模式：选择全手动模式（M）进行拍摄。将用外置测光表测得的曝光组合（光圈、快门值）输入到照相机上。

（3）将影室闪光灯同步触发器插在照相机的热靴插座上，同时打开影室灯的接收器开关（注意要将接收器和触发器的频道调节一致）。

（4）摆姿与表情的抓取。引导被拍摄者根据拍摄创意和人物的身材状态摆出合理的姿态，摆拍和抓拍并用。摄影师应对被拍摄对象进行恰当的启发，被拍摄者表情轻松自然时为最佳拍摄时机。

（5）构图。根据自己的拍摄意图和摄影构图的一般规律进行合理构图。

（6）对焦拍摄。半按快门按钮对焦（或快门线按钮）对焦，对焦的部位一般为人物的眼睛部位，也可根据画面需求重新构图，屏住呼吸，持续按下快门按钮完成拍摄。

（7）可尝试用不同光位、景别和姿态拍摄多张照片，比较不同的拍摄效果。

（8）拍摄完成后，仔细收拾摄影器材。

3. 拍摄样片分析

影室当中的人物摄影布光非常重要，应根据拍摄思路制订合适的拍摄方案，按拍摄要求顺序依次布光（图4-3-1），布光时强调主光的作用，背景光的使用可使画面层次感加强；在拍摄过程中要不断和模特进行交流，主要目的是使模特表情放松，在瞬间抓拍模特的自然表情（图4-3-2）。

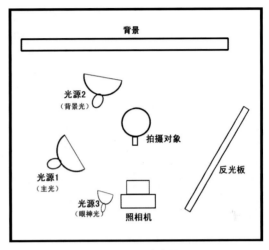

图4-3-1 布光图

图4-3-2 样片

拍摄样片参数：
照相机：尼康D3000
镜头：尼克尔AF-S DX 18～55 mm f/3.5～5.6G VR
焦距：50 mm
曝光模式：M
光圈：f5.6
快门：1/125 sec
测光模式：外置测光表入射式点测光
ISO：100
曝光补偿：0EV
白平衡：闪光灯

三、任务检查

任务检查如表4-3-2所示。

表4-3-2 室内人物摄影任务考核指标

任务名称	序号	任务内容	任务要求	任务标准	分值/分	得分
室内人物摄影	1	室内人物摄影的拍摄方法	完成对室内人物摄影的了解和掌握	（1）掌握室内人物摄影的拍摄方法。 （2）掌握室内人物摄影时照相机各个按键的操作和参数的设置	10	

续表

任务名称	序号	任务内容	任务要求	任务标准	分值/分	得分
室内人物摄影	2	室内人物布光	完成对室内人物摄影布光的认识	（1）了解室内人物摄影布光的重要性和作用。（2）掌握室内人物摄影的布光方法和要点	20	
	3	作品拍摄	完成室内人物摄影作品的拍摄	能分组完成室内人物摄影作品拍摄。合理构图，准确曝光	50	
	4	作业完成情况	按照任务描述提交相关实践作品	按时上交符合要求的拍摄实践作品	15	
	5	工作效率及职业操守	—	时间观念、团队合作意识、学习的主动性及操作效率	5	

四、相关知识点准备

（一）室内人像摄影用光的类型

室内人像照明看似复杂，其实总结起来有五种基本类型，只要将这五种类型弄清楚，其他的掌握起来就容易了。

1. 主光

主光是摄影造型中起主导作用的照明光线。一般在影棚摄影中，主光是决定被摄体照明格局的首选灯光，它通常是由柔光灯箱发出的，具有较明显的方向性，使被摄体形成明显的反差，对表现被摄体的立体感、质感、空间感有重要作用。主光的位置决定着摄影用光造型的效果（正面光、侧面光、逆光）。主光决定了整个画面的布光格局，拍摄时曝光量的确定就是以主光的强弱为依据的（图4-3-3）。

图4-3-3 主光

2. 辅助光

辅助光所起的作用是对阴影进行补充照明，提高被摄体暗部的亮度。其作用是缩小光比、缓和画面反差。其实，辅助光可以用与主光同样的柔光灯箱制造，通过照明距离或输出功率来调整其与主光的光比；也可以是反光板反射的散射光。辅助光的强度不可大于主光。在影棚摄影布光时，一般是先布好主光，再决定辅助光的强度、位置、光质（图4-3-4）。

图4-3-4 辅助光

3. 轮廓光

轮廓光是用来勾画被摄体轮廓形状的一种光线。轮廓光的位置通常在被摄体的后上方或后侧上方。在运用轮廓光照明时，通常是将被摄主体置于深色的背景前面，用光源从被摄主体背后照明，轮廓光的光线强度应强于其他照明光线。被摄体在轮廓光的照明下，能充分展现鲜明的轮廓特征（图4-3-5）。

4. 背景光

背景光是专门用来照明被摄体背景的一种光线（图4-3-6）。它能够提高背景的亮度，缩小背景与主体的反差。背景光能将主体与背景分离开来，使布光更具立体感和空间感。背景光的运用要照顾到背景的色彩、距离和照明的角度等，处理不好就会弄巧成拙。因此，需要对背景光进行反复调整。有时，为了均匀地照明一个无缝的背景，需要使用两盏灯；有时，为了使背景有所变化，可用一盏灯打出渐变的效果。另外，背景光的强弱调控都与摄影画面的基调有关（高调照片：背景光照度均匀，强度不低于主光，能高出1～2倍；中间影调：背景光强度在主光与辅助光之间；低调照片：背景光强度低于主光）。

图4-3-5　轮廓光

图4-3-6　背景光

5. 修饰光

修饰光是用来对被摄体局部照明的光线（图4-3-7）。修饰光也被称为装饰光、效果光，用来突出被摄体某一细节的质感，以达到造型上的完美，如眼神光、头发光、服饰光等。修饰光的光位视需要而定。

修饰光常用于室内人像和广告摄影，人像摄影中的修饰光包括以下几项：

（1）眼神光：眼神光在人像摄影中很重要，它能表现出人物的性格特征，使被摄人物在画面上显得很有生气。眼神光要求与视线保持一致，其光点以1～2个为宜，并且在眼睛瞳孔侧上方为佳，面积不宜过大。

（2）发光：在人像摄影中，为了表现人物的发型或为了使人像的头发与背景分离，以及均衡画面，使画面的影调更富于变化，通常会利用光线的造型作用对人像的头发打发光。在影棚摄影中，可用小型的灯具对被摄人物头发照明（打灯时，一般对准头顶、发缝或稍微偏发型轮廓线后面照明）。

图4-3-7　修饰光

（二）室内婚纱摄影的基本要求

室内婚纱摄影是室内人像摄影的一个重要方面。摄影师只要掌握了影棚人像的拍摄技术和技巧，拍摄婚纱照就比较简单了。下面针对婚纱摄影拍摄应注意的问题进行讲解。

1. 婚纱摄影的器材

（1）照相机：随着数码单反照相机制造技术的不断进步，现在的中高端数码单反已经完全能胜任中高端影楼拍摄的需求。目前，全画幅数码单反的像素都在2 400万以上，可以满足大幅商业片的制作需要。

（2）镜头：以标准至中焦镜头为好，像24～70 mm f/2.8G、70～200 mm f/2.8G、50 mm f/1.2G、85 mm f/1.2G镜头都适合拍摄不同需求的照片；如影室较小，可配广角镜头拍摄一些有视觉冲击力的全身照，但应注意少用。

（3）照明灯具：至少要配5～6盏同一大功率的影室闪光灯（功率可调），加配柔光箱、标准罩、蜂巢、反光板等配件可满足各类婚纱照的拍摄（具体灯具和配件介绍参见后面内容）。

（4）背景纸：因婚纱照通常多为高调照片，所以多用无缝浅色背景纸（布），并准备各种主题背景。使用时用电动卷轴将其从墙的上端放下，延伸到地面。

2. 婚纱摄影的照明

（1）主光的布置。影室摄影中主光一般用影室大功率闪光灯。它的光照范围大，通常配合大型柔光箱使用。可将光照均匀分布到模特全身。根据拍摄需求，主光放置的位置根据影棚的大小和所用镜头焦距的长短而定，可放置在照相机之前，也可放置在照相机之后，这种前置主光的布光法最适宜脸型较瘦的新娘照。如果新娘面庞丰满，在布主光时，应将主光置于照相机一侧，如此可使被摄新娘的脸型显得瘦一些。

（2）辅助光的布置。辅助光一般用小功率闪光灯。它的光照范围比主光小，通常配长方形箱体的柔光箱。辅助光通常准备两套。辅助光是在布好主光之后，再根据主光的情况来布置，以提高暗部的亮度，缩小光比，使影像柔和。辅助光的强度应低于主光的强度，以避免光源冲突。

（3）顶光的布置。顶光一般用于模特的头、肩部造型。工作时置于模特的头顶上方，距离地面高度3 m左右比较合适。顶灯的放置一般采用悬臂灯架，并可通过摇臂来控制光照方向。

（4）轮廓光的布置。在布置好主光和辅助光之后，要进行轮廓光的布置。布置时，在被摄新娘身后放一盏功率较大的灯，对着照相机，灯及支架被新娘的身体挡住，主要突出新娘透明的纱巾和服饰、漂亮的轮廓、发丝等，

造成一种戏剧化的效果。在新娘身后的一侧或两侧也可放一盏或两盏功率较大的灯，用以照亮新娘的轮廓，这种布光最适宜深色背景的拍摄。

（5）背景光的布置。背景光一般放置于模特和背景之间，高度齐平于模特腰部。背景光对于高调婚纱照来说非常重要，在布光时，背景光的光照强度应强于主光；对于中间调婚纱照，其背景光的光照强度可根据情况适当低于高调照片背景光的强度，布光时通常用两盏散光灯从两边进行照明。

（6）装饰光的布置。装饰光包括为了突出新娘礼服的质感所用的服装光、表现发型的发光和眼神光。装饰光一般选用小型的聚光灯。

3. 姿势与表情的抓取

（1）新娘的姿势。在婚纱摄影中，新娘应该是主角。应想方设法最大可能地突出新娘的优点、掩盖新娘的不足。在拍摄新娘的全身像时，多采用三角形构图，即头戴纱冠的新娘头顶部接近照片的上缘，散开的裙子末端接近照片下缘，身体摆在照片的中部。除这种构图和姿势外，还可将新娘安排在画面一侧，而裙子托向另一侧，以使画面的构图保持平衡。也可以请新娘将肩和身体侧向一边，脸正对着照相机拍摄，这样拍摄出的照片，新娘会显得苗条一些。

（2）新娘的表情。新人拍摄婚纱照时，摄影师应注意对新娘的启发，新娘的表情以轻松自然为佳。

（3）拍摄实例。拍摄实例如图4-3-8～图4-3-15所示。

图4-3-8　拍摄实例（一）

图4-3-9　拍摄实例（二）

图4-3-10　拍摄实例（三）

图4-3-11 拍摄实例（四）

图4-3-12 拍摄实例（五）

图4-3-13 拍摄实例（六）

图4-3-14 拍摄实例（七）

图4-3-15 拍摄实例（八）

五、练习题

1. 掌握室内人物摄影中的布光方法。
2. 掌握室内人物摄影的拍摄方法和技巧，分组完成室内人物摄影作品两幅。

任务四　集体合影

　　本任务主要让学生了解集体合影拍摄的技巧。通过完成任务，了解集体合影拍摄要注意的问题和要求，熟悉集体合影拍摄流程和步骤。

一、任务描述

任务描述如表4-4-1所示。

表4-4-1　任务描述表

任务名称	集体合影	
一、任务目标		
1. 知识目标 （1）掌握集体合影的拍摄方法和技巧。 （2）了解集体合影的种类及组织人物排列的要求。 2. 能力目标 （1）熟练使用照相机拍摄集体合影。 （2）学会在集体合影中照相机参数的设置，拍摄地点、时间的选择。 （3）能有效组织拍摄对象合理站位完成拍摄任务。 3. 素质目标 （1）培养思考、探究的能力。 （2）培养学习新知识与技能的能力。 （3）培养熟练使用照相机、组织引导被拍摄对象的能力		
二、任务内容		
（1）掌握拍摄集体合影的拍摄方法和步骤。 （2）熟知集体合影的注意事项		
三、任务成果		
通过实践，掌握集体合影的拍摄方法及地点的合理选择。分小组完成集体合影的组织、拍摄任务		
四、任务资源		
教学条件	（1）硬件条件：照相机、多媒体演示设备、集体合影的场所。 （2）软件条件：多媒体教学系统、网络资源等	
教学资源	多媒体课件、教材等	
五、教学方法		
教法：任务驱动法、小组讨论法、案例教学法、讲授法、演示法。 学法：自主学习、小组讨论、查阅资料		

二、任务实施

1. 集体合影拍摄要注意的问题和基本要求

（1）选择拍摄地点。选择的原则一般为以单一的、有代表性的、有特色的地点作为背景，如此能增加画面的说明性和表现力，使其具有一定的纪念意义。如在学校的话，可以选择学校大门、操场，或者教学楼等有宽大台阶的地方。其他地方的合影可选择有标志性的建筑、工厂的厂房、部队的营房、办公的大楼、有特色的树木等。在角度选择上一般为拍摄地点的正面（如建筑物的正面），力求使建筑物平衡、对称，不能倾斜。不然就会造成不规则、不稳定的视觉效果，会对整个画面起破坏作用。

（2）根据被拍摄的人数，选择合适的摆姿。拍大型集体合影时，安排队列最好用桌椅，如此能使前后排更紧凑一点，以便更有效地利用景深，拍摄出清晰的照片。队列的安排一般是第一排坐凳子，第二排站地面，第三排站凳子，第四排站桌子，如果人很多，前面还可蹲一排。另外，在人物主次安排上，应注意将主要人物安排在前排中间，适当情况下可调节主要人物左右邻近人员的位置，使构图理想。在人物个头高矮的排列上，除第一排外，其余各排一般将高者排在中间，矮者分两边。衣服颜色的深浅也应考虑进去，使画面最终平衡、协调。总之，在人物排列上要做到队伍整齐、交叉排列、面部互不重叠。

在人数的确定上，一般是40人排3排，50人排4排，60人排5排，100人排6排或7排。如果拍摄100人以上的大型合影，最好将桌椅以照相机位置为轴心摆成一个弧形，因为镜头最清晰的焦点平面在以镜头焦点距离为半径的圆弧上。因此，采用弧形站队拍摄，就不会出现集体合影中常见的两侧人物不十分清晰的情况，从而保证了中间和两侧的人物都一样清晰。或者，也可以使用局部接片的方法拍摄，后期合成完整的影像即可。

（3）光线的选择。

1）对光质的选择。室外自然光下，以薄云遮日且有一定方向性的散射光最为理想；直射光下应注意光位的选择。

2）对光位的选择。薄云遮日的自然光下采用前侧光、顺光照明一般都能获得反差适中、层次丰富的照片；选择在直射阳光下拍摄时，一般选择前侧光拍摄。

2．集体合影的拍摄流程、步骤

（1）选择好地点，支好三脚架，架好照相机准备拍摄。

（2）对照相机主要参数进行详细设定。

1）影像品质：选择JPEG精细或RAW+JPEG模式，保证照片的较高质量。

2）影像尺寸：选择最大尺寸，为后期调整留有余地。

3）焦距：一般情况可选择中焦端拍摄，尽量保证画面人物不变形。

4）白平衡：根据现场环境选择适合的白平衡。

5）感光度：根据环境亮度尽量选择低感光度拍摄（如ISO100），保证照片质量。

6）AF区域对焦模式：一般选择中央单点对焦。也可根据个人习惯进行选择。

7）测光：一般选择中央重点测光或点测光。有一定拍摄经验者建议使用点测光，更方便。

8）曝光模式：一般选择光圈优先模式（A）+曝光补偿进行拍摄，拍摄者先选择较小的光圈（F8~16），照相机自动选择快门速度，再根据需要进行曝光补偿的加减挡设置。如果有一定的拍摄经验，也可选择全手动模式（M）进行拍摄。

（3）构图。根据集体合影照的要求，按照摄影构图的一般规律进行合理构图。

（4）对焦拍摄。半按快门按钮对焦（或快门线按钮）并测光，集体合影的对焦点一般选择在第一排的中间人物上，如果排数过多，可选择中间排的中间人物对焦，这样可尽量保证画面的景深范围涵盖所有的人物。然后，按住曝光锁定按钮（AE-L）锁定曝光，引导被拍摄者注意看镜头，屏住呼吸，持续按下快门按钮完成拍摄。

（5）根据需要，为了保证照片的质量，可多拍几张，并且可尝试用不同的曝光组合进行拍摄。

（6）拍摄完成后，仔细收拾摄影器材。

3．拍摄样片分析

这幅学校集体照（图4-4-1）的拍摄地点在学校教学楼的前面，有一定的代表性。由于是晴天，因此在光位选择上运用了半侧光，避免阳光直射刺到眼睛；测光、构好图后，拍摄时用快门线，引导被拍摄者注意力集中，抓拍瞬间状态，多拍几张，选用其中之一。

拍摄样片参数：
照相机：尼康D3000
镜头：尼克尔AF-S DX 18~55 mm f/3.5~5.6G VR
焦距：40 mm
曝光模式：A
光圈：f11
快门：1/60 sec
测光模式：中央重点测光
ISO：100
曝光补偿：+1/3EV
白平衡：Auto

图4-4-1 样片

三、任务检查

任务检查如表4-4-2所示。

表4-4-2　集体合影任务考核指标

任务名称	序号	任务内容	任务要求	任务标准	分值/分	得分
集体合影	1	集体合影的拍摄方法和技巧	完成对集体合影拍摄方法和技巧的认识	（1）熟练掌握集体合影的方法步骤和技巧。（2）能在拍摄中根据环境准确地对照相机参数进行设置	20	
	2	集体合影组织人物排列的要求	了解集体合影中组织人物排列的要求	（1）熟悉集体合影照拍摄的组织能力。（2）熟知集体合影照拍摄的人物排列方法	10	
	3	作品拍摄	完成集体合影摄影作品的拍摄	分组完成集体合影摄影作品的拍摄。曝光准确，构图完整	50	
	4	作业完成情况	按照任务描述提交相关实践作品	按时上交符合要求的拍摄实践作品	15	
	5	工作效率及职业操守	—	时间观念、团队合作意识、学习的主动性及操作效率	5	

四、相关知识点准备

（一）拍摄集体合影照的要领

现在，召开各种会议或各级学校学生毕业一般都要拍集体合影。拍摄集体合影人数多、场面大、难组织、质量要求高、机会不可再现，必须百分之百成功。所以，一张好的集体合影应该达到以下五点要求：

（1）集体群像在画面中布局合理、充实。

（2）前后排无遮挡现象。

（3）最前一排与最后一排的人像都清晰。

（4）没有前排头大、后排头小的透视变形现象。

（5）没有闭眼睛的情况。

要做到以上五点，就必须掌握好拍摄要领。在具体细节上应注意以下10个方面。

1. 应选用标准镜头

标准镜头的视角与人眼基本一致，用广角镜头拍摄会出现透视变形。因此，拍摄集体照一般不能使用广角镜头。如果使用变焦镜头拍摄集体照应选择50～70 mm焦距段。

2. 光圈和快门速度的选择

集体合影的主要特点是：人物是静止的且纵深大。要获得较大的景深，一般使用小光圈和较快的快门速度。20～30人的合影宜用f/5.6～f/8光圈；60～70人的合影宜用f/8～f/11光圈，100人以上合影时宜用f/11～f/16光圈。快门速度最好不低于1/60 sec，这样可避免个别人在拍摄中突然的晃动导致成像不理想。

当然，在光线较差的情况下，为了保证有足够的景深，只能牺牲快门速度，但一般不能低于1/15 sec；或者调高感光度以获得较高的快门速度。

3. 使用三脚架和快门线

因为拍摄集体合影需要较大的景深，常会选用较小的光圈拍摄，快门速度较慢就会影响画面清晰度；另外，为了使摄影师更好地引导、指挥被拍摄对象的注意力，在拍照中必须使用三脚架和快门线辅助。

4. 为避免前后排遮挡，前后排梯度要大

拍大型集体合影时，前后排排列要紧凑一点，以便更有效地利用景深，拍出清晰的照片。

一般拍摄集体合影，第一排摆凳子的数量可用以下公式计算：

摆凳子数量=合影人数/5。例如，100人合影，摆凳子数量=100/5=20，即100人的合影，前排领导席摆20个凳子即可。

5. 集体合影摆姿

排列时每排的人物务必前后左右交叉。所有人物都应该脸正向、身略侧向镜间中心。如果拍摄的人数较多，人物可以排列为弧形。人的肩与肩可相平或略侧相叠，以保证排列整齐协调。弧形排列的目的，在于使照相机与人群之间的摄距相等，不致产生透视变形。

6. 光线的选择

拍集体合影以柔和的自然光为好，应尽量避免直射阳光和逆光。时间应选在上午10点至下午4点这个时段，注意不要在树荫下拍摄，以防产生花脸。

（1）最佳的拍摄时间应选择多云的天气拍摄。多云的天气光线相对比较柔和，不会给人脸造成很大的阴影。如在晴天拍摄，不要选用顺光，因为太阳直接照射会使人睁不开眼睛。晴天拍摄的时候有两个选择，一是逆光拍摄，另一个是阴影下拍摄。逆光拍摄的时候，要对人脸部测光，保证脸部的曝光准确。阴影下拍摄的道理和阴天、多云天差不多。

（2）在室内利用人造光源拍摄集体合影时，要采用顺光照明。在布光时要尽量避免多灯照明产生的投影过多、过重。照明灯或闪光灯一定要升高到3.5～4 m的高度，才不会影响到后排人的照明。

7. 焦点选择

根据景深原理，镜头应聚焦在整个队列纵深的前1/3处。例如，若共五排人，应将焦点对在第二排中间人物上，这样可更有效地利用前景深和后景深，拍出前后均清晰的集体合影。

8. 构图方法

集体合影的构图布局要求上宽下窄，留出天地，左右略留有余量，尽量充满画面。

9. 拍照时注意力应集中

拍摄前先看看队列中有无前排遮挡后排的情况，如有应调整一下位置。在按动快门前举手示意，提醒大家集中注意力，以免出现闭眼或晃动。要求全体合影人员眼睛统一看照相机。为防止闭眼，事先要交代清楚，摄影师喊口令"一、二、三"，到"二"时，全体人员不能眨眼。为保证成功和质量，要多拍几次，以便选择使用。另外，初拍集体合影时要避免紧张的情绪，将注意力集中在准确曝光、精确聚及构图上。当然，也可用照相机的连拍功能捕捉表情自然的瞬间，方便事后挑选，因为大多数集体合影是无法补拍的。

10. 拍摄前的准备

（1）出发时间的确定。根据拍摄时间，路途远近及道路行车情况等因素，确定第二天的出发时间，要保证能在正式拍摄前30分钟顺利到达拍摄现场。

（2）场地、拍摄器材的选定。根据要求和人数选定室内或室外的场地，确定第二天拍摄时带什么样的摄影器材及灯光。

（3）光线照明情况的观察。如果在室外拍摄，要实地观察光线照明情况，看其是否符合集体摄影的要求。

（4）电源的检查。电源的位置与功率是否匹配，确定自带电缆的长度及功率大小是否满足照明的要求，电源的插口插座是否匹配等。

（二）接片拍摄技巧

1. 接片简介

我们在拍摄宽阔的大场面（如超大型的团体照、全景风景照）时，由于信息容量大，必须采用广角、超广角镜头拍摄，这时往往会出现照片四角发暗，边缘汇聚变形，细节不清，画面上、下方向空域过多的弊病。若是采用传统的617中画幅拍摄，不但调焦不便，而且存在画面中央与画面边缘距离差异过大，影响聚焦效果的毛病。使用数码照相机拍摄合影，虽然有着即拍即看的优势，但一般的数码照相机像素水平无法满足超大型团体照的需求。要解决这一问题，大多是用分块拍摄后期接片的办法。这样，既解决了一般数码照相机像素低的问题，又解决了特大型场面（或大型合影人员过多）的问题。

所谓接片，就是将实际场景从左到右分解成若干段，每次只利用照相机有限的画幅，拍摄其中的一段。完成全部拍摄后，在后期制作中，再将各个部分天衣无缝地拼接在一起扩放成照片。这样，就取得了超大画幅（理论上可以无穷多块拼接）的超细致画面。特别适用于大场景、超宽幅放大图片的需要。

按照器材拍摄原理划分，接片有"数码单画面特技拼接"和"多张单片拍摄拼接"（含数码单反拼接）两种。

（1）"数码单画面特技拼接"接片。这是现在很多家用袖珍数码照相机上都有的一种数码特技模式。在这种扫描全景模式下，对焦于被拍摄物的起始点，然后将快门完全按下不放，开始左右或上下移动照相机，照相机会连续自动拍摄多张照片，在机内计算、拼接后形成全景画面。严格地说，这不能算是接片，只是一种好玩的特技功能。

（2）"多张单片拍摄拼接"接片。这种接片方式无论是胶片拍摄还是数码拍摄都可以采用。在拍摄技术上，其又可分为以下两类：

1）旋转位置接片。旋转位置接片适合于远景、超大场面拍摄。多用于山岳、江河风光拍摄。这时可以使用中画幅6 mm×6 mm、6 mm×4.5 mm、135胶片、APS-C画幅数码单反、全画幅数码单反甚至优质家用数码卡片机，拍摄2张以上的画面，后期将它们接到一起，形成超宽幅高分辨率的图片。

拍摄技术：照相机原地不动，每次保持同一高度水平的前提下，旋转一个预定角度拍摄，最终甚至可能将360°全景画面展开到一幅照片中。但是要注意，此种方式最适合拍摄相当远的或者是环状排列分布的景物，而不适合拍摄一片直线、延伸过长的景物（图4-4-2）。

2）平行移位接片。平行移位接片适用于中近距离拍摄平面物体，例如，一幅珍贵的大型壁画要拍摄资料存档，而且要求各部分细节详尽，没有变形，颜色真实，这就不能采用旋转拍摄。

拍摄技术：沿着壁画平面，铺设一条轨道，将照相机架设在轨道车上，"逐格移动，逐格拍摄"，无论壁画多长都不会有变形。拍摄者在业余条件下，可以在地面上画线，计划好拍摄张数，计算出合理间距，丈量出准确的横纵向距离，做出标记，再逐格拍摄。这样虽然麻烦，但是能保证效果（图4-4-3）。

除此之外，随着技术的进步，为了提高拍摄大场面接片的便捷性、精确性、智能化和超高像素，现在各个厂家已推出各种全景云台。其中最具代表性的是美国生产的GigaPan智能全景云台（图4-4-4和图4-4-5）。他们为全景摄影提供从智能全景云台到自动化全景拼图软件的全面解决方案。GigaPan EPIC Pro智能全景云台应用广泛，可以用于风光摄影、超大型合影纪念、三维全景展示及虚拟漫游制作等。在国外，它还被Google Earth、NASA用于数码全景照片制作等业务。

由于它的智能化，拍摄时，只需要在拍摄前将镜头的拍摄边界设定好，除此之外，整个全景拍摄的过程是完全的自动化操作。拍摄完成后，将照片导入其自带的全景拼图软件，很快就会合成完美的全景照片。

图4-4-2　全景接片风光

图4-4-3　全景接片合影

图4-4-4　智能全景云台（正面）

图4-4-5　智能全景云台（侧面）

2. 接片拍摄时的注意要点

（1）事先做好计划。对将要拍摄的景物或人物事先拟定拍摄方案：用几张来接，每张从何处起到何处止。注意每张接片的两侧边缘部分要事先选择带明显特征的标记性景物，这一景物应该不是很远，有鲜明的轮廓特征便于PS重叠时辨认。

（2）注意搭接重叠部分的多少。因为每张原始照片的边缘部分难免有轻度变形，所以对画面要求越高，每张原始照片的搭接重合部分便要越多。6 mm×6 mm画幅可以搭得少些，在1/4左右；而135片幅以下的照相机，搭接一般应在1/3到1/4，不要太少，以免后期拼接不易辨认。

（3）最好使用中焦距定焦镜头。因为中焦距定焦镜头是各类镜头中分辨率最高、变形最小的。拍摄接片的镜头焦距最低也不要短于35 mm。拍摄机位前后要保持焦距的相同，不要为图方便任意变焦；因为广角、超广角透视变形较大，不利于事后片子之间的衔接。

（4）使用三脚架，最好采用能水平旋转角度的云台。这样拍摄出的原始照片处于同一水平线高度，再加上云台有角度刻度，便于均匀转动相等的角度，掌握搭接重合数值；每转一个角度，要记得将云台锁紧再拍摄。

（5）使用反光镜预升和快门线。这是一般大场面照片拍摄时必须做的，不算特殊要求。

（6）拍摄过程中不要变焦。不同焦距的原始照片拼接时需要进行比较复杂的尺寸变换，很难掌握。

（7）拍摄过程中可以手动控制调焦点。在宽阔的视野里，各个元素的视觉主体不一定在同一个调焦距离上，有的可能在中近距离有需要表现的景物，而换一个角度就只是远景，中近景是空的，因此，各张原始片不一定非要固定在同一调焦距离上。

（8）注意各张原始片曝光度的一致性。这是为了在事后接片时使各片的色调、反差趋于一致，便于消灭拼接痕迹。为了保证照片曝光和色调的一致，每一幅分段照片设置必须一致。感光度根据环境亮度尽量选择低感光度（如ISO100）；白平衡根据现场环境选择适合的白平衡，也可通过试拍选择其他白平衡设置。需要特别注意的是，不能用自动白平衡；测光一般选择中央重点测光或点测光；曝光模式必须用全手动模式（M）拍摄，具体操作为：先用光圈优先模式（A）选用适当小光圈对全景照片的主要景色对焦、测光试拍，记住最佳曝光组合，然后再将曝光模式调到全手动模式（M），将刚才的曝光组合预设进去。

（9）注意各原始片衔接时间要相同。拍摄时动作要尽量迅速，只有这样才可以保证光线变化最小。

（10）注意有计划地删减景物。根据自己的经验，可以利用接片的特点，在考虑周密的前提下，对不利于构图的景物进行删减。例如，在宽阔的山景中有一棵非常不合时宜的电线杆，就可以找出旁边相近似的景物衔接后，将它"跳过去"，当然，也可以使用PS技术事后消除。

3. 接片的后期处理

具体处理方法将在后面的"图片后期处理"实训项目中详细介绍。

五、练习题

1. 熟悉集体合影照的拍摄方法和技巧。
2. 分小组完成集体合影照的拍摄工作。

室外人物摄影　　　室内人物摄影
作品欣赏　　　　　作品欣赏

项目五

静物广告摄影

任务一　静物摄影

本任务主要让学生掌握静物摄影的技巧，了解静物摄影的特点。通过完成任务，掌握静物摄影拍摄流程，按要求完成静物广告摄影作品的拍摄。

一、任务描述

任务描述如表5-1-1所示。

表5-1-1　任务描述表

任务名称	静物摄影
一、任务目标	
1．知识目标 （1）了解静物摄影的器材设备。 （2）掌握一般静物摄影要注意的问题和要求。 （3）掌握静物摄影的拍摄流程、方法和技巧。 2．能力目标 （1）熟悉静物摄影器材的设备需求。 （2）能够对静物摄影的曝光参数进行合理设置。 （3）能够运用照相机拍摄出符合要求的静物摄影作品。 3．素质目标 （1）培养勤于思考、探究的能力，学会举一反三。 （2）培养学习新知识与技能的能力。 （3）培养正确、熟练使用照相机、影室灯和相关附件的能力。 （4）提高对摄影艺术作品的审美能力	

任务名称	静物摄影
二、任务内容	
（1）了解静物摄影要注意的问题和要求。 （2）掌握静物摄影的步骤，按流程拍摄出符合要求的静物摄影作品	
三、任务成果	
对静物摄影有较深入的认知，熟悉静物摄影的器材，能正确运用拍摄技巧完成静物作品的拍摄，并通过创意拍摄出独特的静物摄影作品	
四、任务资源	
教学条件	（1）硬件条件：照相机、多媒体演示设备、摄影棚、室外相关环境等。 （2）软件条件：多媒体教学系统
教学资源	多媒体课件、教材、网络资源等
五、教学方法	
教法：任务驱动法、小组讨论法、案例教学法、讲授法、演示法。 学法：自主学习、小组讨论、查阅资料	

二、任务实施

1. 静物摄影器材的准备

（1）数码单反照相机。需要一台数码单反照相机机身和标准变焦镜头、标准镜头等，如有微距镜头更好。不同焦距的镜头会产生不同的透视效果。长焦镜头可以压缩空间，突出主体，被摄体没有明显的变形；广角镜头虽然可以获得大视角，但会产生变形；微距镜头在拍摄静物时效果非常好。使用微距镜头可以拍摄到一些平时难以注意到的细节。

（2）三脚架。三脚架可支撑、稳定数码照相机，减少由于低速快门造成的抖动，用来获得更加清晰的照片。这是拍摄静物过程中最应该注意的地方，拍摄时必须用三脚架来固定照相机。

（3）反光工具。反光工具用来对比较暗的部分进行补光。白纸、白布、白墙等浅色物体都可以作为反光工具。

（4）工作台（室内拍摄使用）。工作台用来摆放被摄物体。一般使用静物台（图5-1-1）。如果条件不够，可使用桌子等作为简单的工作台。

（5）道具。道具即用来辅助拍摄静物的物品。它的种类多种多样，像漂亮的台布、有质感的木板、小饰品等都可以做道具。当然，在具体选择上道具一定要在色彩、质感上对主体静物有烘托陪衬作用，使主体静物更突出、更有意境，切不可喧宾夺主。

图5-1-1 影室用静物台

2. 静物摄影的拍摄流程、步骤

（1）将被摄主体摆放在静物台上，做好布局。静物摄影是练习摄影技术、技巧很好的途径。在静物摄影中，摄影师如何布局，关乎照片中能否凸显主体，能否吸引众人眼球。这里提供一些基本方法，可作为静物摄影实践中的参考：第一，构图要简洁明了；第二，不要把所要拍摄的静物依次罗列在静物台上，摆放要有主次、虚实、高低、颜色等的对比，变化是关键；第三，构图应做到主体突出，有趣味中心；第四，不要经常把主体或构图重点置于画幅中央，不然画面会显得缺乏变化；第五，可以通过动态线条、对角线条、曲线和锯齿线条等使画面产生一种富有活力的变化；第六，充分运用阴影作为构图的组成部分，使画面构成更富有生命力。

（2）对摆好的静物进行布光。在布光的次序上，还是按照主光、辅助光、背景光、装饰光的流程布光。在布光时注意光位、光质的合理运用。一般地，柔和的正面光照明具有美化形状的效果，易于展现二维空间。侧光则有利于突出被摄体的表面特征。反射光的运用可获得各种微妙的或具有戏剧性的效果。在拍摄一些透明物体时，有时还需要从静物台下方、后方打光，以表现其晶莹剔透的效果。

（3）架好照相机拍摄。根据前期的拍摄创意和要求，完成静物和背景的布置与布光后，就可以进行拍摄了。在静物台前方合适的位置支好三脚架，架好照相机准备拍摄。

（4）对照相机主要参数进行详细设定

1）影像品质：选择JPEG精细或RAW+JPEG模式，保证照片的较高质量。

2）影像尺寸：选择最大尺寸，为后期调整处理留有余地。

3）焦距：根据不同的拍摄意图，选择不同的镜头焦距进行拍摄，多数情况下选择标准焦距拍摄。本例选择用的是60 mm微距镜头。

4）白平衡：根据现场环境选择适合的白平衡。如在摄影棚拍摄，为了保证照片能准确还原静物色彩，白平衡的选择要和摄影灯一致。

5）感光度：根据环境亮度，尽量选择低感光度拍摄（如ISO100）。

6）AF区域对焦模式：一般选择中央单点对焦。也可根据个人习惯进行选择。

7）测光：如果在摄影棚用影室闪光灯拍摄，一般必须选用外置测光表进行入射式测光（具体测光方法在前期任务中已详细说明）。如果没有外置测光表，布好光后可多次试拍获得合适的曝光组合（可根据拍摄意图选择合适的光圈大小）。

8）曝光模式：在影棚拍摄，选择全手动模式（M）进行拍摄。将用外置测光表测得的曝光组合（光圈、快门值）输入到照相机上。

（5）同步闪光灯。将闪光灯同步触发器插在照相机的热靴插座上，同时打开影室灯上的接收器开关（注意将接收器和触发器的频道设置一致）。

（6）构图。根据静物的拍摄要求和构图的一般规律进行合理构图。

（7）对焦拍摄。半按快门按钮对焦（或快门线按钮）。静物摄影的拍摄对焦点一般选择在拍摄主体上，也可根据画面需求重新构图，持续按下快门按钮完成拍摄。

（8）不同曝光组合比较。可尝试用不同的曝光组合进行拍摄（主要调节光圈值和影室灯功率，快门速度不要超过闪光灯同步最高速度，一般设为1/125 sec），比较不同的拍摄效果（尤其是景深大小）。

（9）拍摄完成后，仔细收拾摄影器材。

3. 拍摄样片分析

这是一幅低调静物摄影作品（图5-1-2）。主体由陶罐、落叶和苹果构成；背景选择深蓝色的台布，奠定深色基调；布光也比较简单（图5-1-3），在左上侧打一个带束光筒的主光，塑造出静物的轮廓，右前方打一个带柔光箱的辅助光（也可用反光板），使暗部有一定的细节。用点测光对树叶的亮部测光，压暗背景。这样，使整个画面体现出一种秋天的氛围。

图5-1-2 样片

拍摄样片参数：
照相机：尼康D3000
镜头：尼克尔AF-S 60/2.8G ED微距镜头
焦距：60 mm
曝光模式：M
光圈：f16
快门：1/125 sec
测光模式：外置测光表入射式点测光
ISO：100
曝光补偿：0EV
白平衡：闪光灯

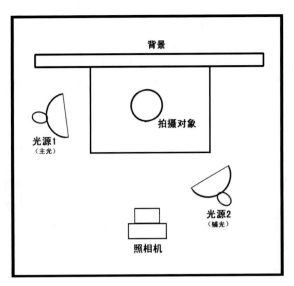

图5-1-3　布光图

三、任务检查

任务检查如表5-1-2所示。

表5-1-2　静物摄影任务考核指标

任务名称	序号	任务内容	任务要求	任务标准	分值/分	得分
静物摄影	1	静物摄影的设备要求	完成对静物摄影设备的了解	（1）熟悉静物摄影基本设备的要求。 （2）依据静物拍摄要求，完成所需设备的准备	10	
	2	静物摄影拍摄方法、技巧	完成对静物摄影方法、技巧的运用	（1）依据拍摄创意，选择相应设备及设定照相机参数。 （2）善于观察、捕捉细节，让照片展现主体细节。 （3）熟练掌握静物摄影的拍摄流程	20	
	3	作品拍摄	完成静物摄影作品的拍摄	分组完成静物摄影作品的拍摄。构图合理，曝光准确	50	
	4	作业完成情况	按照任务描述提交相关实践作品	按时上交符合要求的拍摄实践作品	15	
	5	工作效率及职业操守	—	时间观念、团队合作意识、学习的主动性及操作效率	5	

四、相关知识点准备

（一）微距摄影专用器材

在静物摄影中，相当一部分题材的拍摄可用微距摄影的方法去实现。微距摄影又叫作近距摄影，它的目的是力求将主体的细节纤毫毕现地表现出来。要进行微距静物摄影，需要使用一些专门的摄影器材。

1. 微距镜头

微距镜头是数码单反照相机获得优良成像质量的保证。微距镜头的特点是：在结构上其光学系统以"近摄"为前提，经过专门设计，影像反差比较大，分辨率比较高。这类镜头拍摄像物比一般在1∶1以上，即使采用最大光圈，整体画面的边缘和中心仍具有良好的清晰度。所以，微距镜头是最理想的微距摄影器材。微距镜头的景深一般比较小，在拍摄时更加有利于突出主体，虚化淡化背景。

各个厂家生产的135照相机微距镜头焦距从20 mm到400 mm都有，非常齐全，一般最常用的有三种规格：50 mm（含55 mm、60 mm）；100 mm（含90 mm、105 mm）；180 mm（含200 mm），放大倍率都能达到1∶1。微距镜头的焦距越长，最近拍摄距离也就越远。因此，长焦距微距镜头更适用于拍摄昆虫及其他不易接近的物体（图5-1-4）。

图5-1-4 微距镜头

2. 近摄皮腔或接圈

近摄皮腔是用皮、人造革制成的不透光手风琴式的可前后伸缩的管状腔体。皮腔的一端为连接照相机机身的支架，另一端则是连接摄影镜头的支架，腔体随支架装在导轨上，导轨的下面有三脚架接孔。聚焦时既可沿导轨移动前支架（镜头），也可移动后支架（机身），它通过延长镜头至焦平面的距离达到近摄的目的。皮腔长度一般为30~200 mm，可放大3倍影像，曝光量根据需要增加（图5-1-5）。

图5-1-5 机身+近摄皮腔+镜头

近摄接圈是内部为黑色的筒状近摄附件，多由金属制成（图5-1-6）。使用时像增距镜一样附加在机身与镜头之间，可扩大放大倍数。其近摄原理与皮腔完全相同。135照相机经常使用的接圈为7 mm（1号）、14 mm（2号）和25 mm（3号）三种，它们可以单独使用，也可以组合使用，并能够组成七种

不同长度，三只接圈组合时，用于50 mm标准镜头上的像物比例为1∶1。但是，镜头的对焦范围将随着接圈的增加而受到限制，所以在用接圈组合拍摄时，需要移动照相机或被摄体的前后距离配合对焦，其拍摄效果与近摄皮腔基本相同（图5-1-7）。

图5-1-6 近摄接圈

图5-1-7 机身+近摄接圈+镜头

3. 近摄镜片或放大镜

近摄镜片（图5-1-8）是一种类似于滤光镜的近摄附件，用其单独观察景物时其如同一只放大镜，它的正面凸起，用于放大影像，而背面微微凹进，以便一定程度上减少像场弯曲。如果在标准镜头前附加一枚近摄镜片，其焦距会立刻发生变化。通常，近摄镜片按屈光度标定，如1、+2、+3等。屈光度越大，放大倍率就越高，焦距也就越短。近摄镜片结构简单、价格便宜，在操作时，可不做曝光补偿调整，并能够单独使用或组合使用，非常便利。

普通的阅读放大镜也可用于近距离拍摄。使用时，只要将放大镜紧贴镜头前端，或是用透明胶带粘在镜头前面就可以了，其放大原理与近摄镜片相同。用这种方法拍摄时，放大镜的口径要大于镜头的滤镜口径，以保证镜头的通光量。

图5-1-8 近摄镜片

4. 增距镜

在最近拍摄距离保持不变的情况下，在照相机与镜头之间增加一个增距镜（图5-1-9），可以改变镜头的焦距。一个2倍的增距镜可以将影像放大2倍；3倍的增距镜可以将影像放大3倍，依此类推。增距镜可以在同一镜头卡口的条件下连接所有焦距的镜头，包括微距镜头，例如，50 mm微距镜头加上一个2倍的增距镜后，便等于一个100 mm焦距微距镜头，可以拍摄到像物比为2∶1的微距照片。

图5-1-9　增距镜

5. 变焦镜头上的微距挡位

很多变焦镜头上设有专门的微距挡位（图5-1-10），例如，适马等镜头厂商的24～70 mm、70～200 mm、75～300 mm等变焦镜头都有专门的最大放大倍率为1∶4～1∶2的微距挡位。但是，由于设计的不同，微距挡位可以分别在长焦端和广角端来实现，各有优缺点，在广角端实现微距容易产生球面像差，所以拍摄时应该尽量使用小光圈；在长焦端实现微距容易产生像场弯曲，所以，在拍摄立体的物体时比较合适，但翻拍效果不太好。

图5-1-10　变焦镜头的微距挡位

（二）微距摄影的其他辅助器材

除上述专用器材外，微距摄影中还会用到三脚架、闪光灯、快门线等辅助拍摄工具。

（1）三脚架。因为微距拍摄用了较高的放大率，故有将手震"放大"的效果。所以，三脚架在拍微距相片时亦相当重要。

（2）闪光灯。除一般照相机内置闪光灯和外置闪光灯外，还有一种专为微距摄影使用的闪光灯叫作环形闪光灯（图5-1-11）。其优点是将闪光灯放置在镜头的最前面，不会受到照相机镜头的遮挡而在画面上形成难看的阴影。

图5-1-11　环形闪光灯

（3）快门线。快门线是拍摄微距摄影的必备摄影配件。

（4）黑卡纸。黑卡纸在外拍有风时可作为挡风板，也可作为所拍物象的"背景板"，以简化背景。

（5）闪光灯支架。由于机顶并非理想闪灯位置，另设闪灯位置时就会用到闪光灯支架。

（6）反光板。用反光板补光是一种较自然的补光方法，可为在暗部的昆虫补光。

（7）反光伞。反光伞可为强烈阳光下的物象创造散射光源。

五、练习题

1. 熟悉静物摄影的相关器材和方法步骤。
2. 分组完成不同光线条件下的静物摄影作品两幅。

任务二　商业广告产品摄影

本任务主要让学生掌握商业广告产品摄影的拍摄技巧，了解商业广告产品摄影的拍摄特点。通过完成任务，熟悉拍摄商业广告产品所用的器材设备要求，掌握商业广告产品摄影的拍摄方法和流程。

一、任务描述

任务描述如表5-2-1所示。

表5-2-1　任务描述表

任务名称	商业广告产品摄影
一、任务目标	
1. 知识目标 （1）了解商业广告产品摄影的器材设备要求。 （2）熟悉商业广告产品摄影的拍摄方法、基本流程和拍摄技巧。 2. 能力目标 （1）能按拍摄创意、正确的拍摄方法进行商业广告产品摄影。 （2）学会商业广告产品摄影的拍摄技巧。 （3）熟悉商业广告产品摄影的设备需求。 3. 素质目标 （1）培养良好的动手、动脑能力，学会举一反三。 （2）培养学习新知识与技能的能力。 （3）培养正确、熟练使用照相机、影室灯和相关附件的能力。 （4）提高对摄影艺术作品的审美能力	
二、任务内容	
（1）了解商业广告产品摄影要注意的问题和要求。 （2）掌握商业广告产品摄影的步骤，按流程拍摄出符合要求的一般商业广告产品摄影作品	
三、任务成果	
通过拍摄实践，掌握商业广告产品摄影的拍摄方法及其基本布光方法。熟悉商业广告产品摄影的拍摄特点和要求，根据拍摄创意，分组完成商业广告产品摄影的拍摄任务	
四、任务资源	
教学条件	（1）硬件条件：照相机、多媒体演示设备、摄影棚及相关设备等。 （2）软件条件：多媒体教学系统
教学资源	多媒体课件、教材、网络资源等
五、教学方法	
教法：任务驱动法、小组讨论法、案例教学法、讲授法、演示法。 学法：自主学习、小组讨论、查阅资料	

二、任务实施

1. 商业广告产品摄影的器材准备

商业广告产品摄影是静物摄影的一种，而且一般在室内完成拍摄工作。因此，能满足室内静物拍摄条件的摄影器材基本就可以拍摄商业广告产品了。

（1）照相机。最好用数码单反照相机，根据需求配备各种焦距的镜头（包括微距镜头）。

（2）三脚架。三脚架是进行商业广告拍摄乃至其他各类题材摄影不可或缺的主要附件。

（3）灯具。灯具是室内拍摄的主要工具，拍摄时应配备三只以上的照明灯。柔光箱、束光筒、遮光罩等灯具附件也是必备器材，用来改变光线性质，满足拍摄需要。

（4）商业产品拍摄工作台。最好选择专用静物台拍摄商业广告产品，因为为了突出某些产品特征，需要从产品的后方和下方打光，此时，半透明的静物台就非常方便。

（5）背景材料。常用的背景材料有各色不同质地的背景布、背景纸，其他的可根据不同拍摄内容选择。黑白卡纸也可代替背景。

2. 商业广告产品摄影的拍摄流程、步骤

（1）商品的前期布局。摆布商品时，前期的构思、创意非常关键。构图要体现出拍摄创意的要求。这其中包括主体的位置、陪体与主体关系、光线的运用、质感的表现、影调与色调的组织与协调、画面色彩的合理使用、背景对主体的衬托、画面气氛的营造等（图5-2-1）。

图5-2-1　产品布局

（2）合理用光。商业广告拍摄的对象多数是能够放在拍摄台上的东西。为了表现商品的质感，在拍摄中会运用各种不同类型的灯光对其进行造型照明，合理运用主光、辅助光、底光等是拍摄好商品的关键。布光要遵循影室布光的一般规律，依次布光。

（3）背景的选择和处理。商业广告拍摄中，背景在表现主体所处的环境、气氛和空间，以及整个画面的色调及其线条结构方面有着很重要的作用。背景处理的好坏，在某种程度上决定着静物拍摄的成败。可以使用具象背景，也可使用抽象背景，还可根据需求，后期合成背景。

（4）架好照相机，准备拍摄。完成背景的布置和商品的摆放及布光后，在静物台前方合适的位置支好三脚架，架好照相机就可准备拍摄。

（5）对照相机的主要参数进行详细设定

1）影像品质：选择JPEG精细或RAW+JPEG模式，保证照片的较高质量。

2）影像尺寸：选择最大尺寸，为后期调整处理留有余地。

3）焦距：根据不同的拍摄意图，选择不同的镜头焦距，多数情况下选择标准焦距拍摄。本例选择用50 mm f/1.4G标准镜头。

4）白平衡：根据现场环境选择适合的白平衡。如在摄影棚拍摄，为了保证照片能准确还原产品色彩，白平衡的选择要和摄影灯一致。有时为了用颜色营造商品的氛围，也可选择用不同的白平衡进行拍摄（暖色调表现，可以将照相机色温设置为比环境色温高；冷色调表现，可以将照相机色温设置为比环境色温低）。

5）感光度：根据环境亮度尽量选择低感光度拍摄（如ISO100）。

6）AF区域对焦模式：一般选择中央单点对焦。也可根据个人习惯选择。

7）测光：如果在摄影棚用影室闪光灯拍摄，一般必须选用外置测光表进行入射式测光（具体测光方法在前期任务中已详细说明）。如果没有外置测光表，布好光后可多次试拍获得合适的曝光组合（可根据拍摄意图选择合适的光圈大小）。

8）曝光模式：在影棚拍摄，选择全手动模式（M）进行拍摄。将刚刚用外置测光表测得的曝光组合（光圈、快门值）输入照相机。

（6）与闪光灯同步。将闪光灯同步触发器插在照相机的热靴插座上，同时打开影室灯上的接收器开关（注意接收器和触发器的频道要设置一致）。

（7）构图。根据商业广告摄影的拍摄创意和构图的一般规律进行合理构图。

（8）对焦拍摄。半按快门按钮对焦（或快门线按钮）。商业广告产品摄影的拍摄对焦点一般选择在主体商品上，也可根据画面需求重新构图，持续按下快门按钮完成拍摄。

（9）用不同曝光组合对比。可尝试用不同的曝光组合进行拍摄（主要调节光圈值和影室闪光灯功率的大小，调节快门速度时不要超过闪光灯同步最高速度，一般放在1/125 sec），比较不同的拍摄效果。

（10）拍摄完成后，仔细收拾摄影器材。

3. 拍摄样片分析

这是一幅高调商业广告摄影作品（图5-2-2）。主体由化妆品构成；背景是乳白色有机片静物台面；因为要拍摄出产品的质感，所以，布光稍微复杂一些（图5-2-3）：在右上侧打一个带柔光箱的主光，左前方布置一张反光板为暗部补光，顶部用硫酸纸或泡沫板布置反光，使整个产品产生漂亮的柔光效果。整个画面简练、干净、明亮，符合商品的特点。

拍摄样片参数：

照相机：尼康D3000

镜头：尼克尔AF-S50 mm
f/1.4 G镜头

焦距：50 mm

曝光模式：M

光圈：f11

快门：1/125 sec

测光模式：外置测光表入射
式点测光

ISO：100

曝光补偿：0EV

白平衡：闪光灯

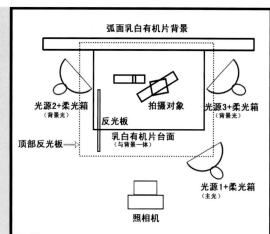

图5-2-2　样片　　　　　　　　　　　　　　　　　　　　　　　　　图5-2-3　布光图

三、任务检查

任务检查如表5-2-2所示。

表5-2-2　商业广告产品摄影任务考核指标

任务名称	序号	任务内容	任务要求	任务标准	分值/分	得分
商业广告产品摄影	1	商业广告产品摄影的设备要求	完成对商业广告产品摄影设备的了解	（1）掌握商业广告产品摄影基本设备要求。 （2）依据拍摄产品的类型，完成所需设备的准备	10	
	2	商业广告产品摄影拍摄方法、技巧	完成对商业广告产品摄影方法、技巧的运用	（1）依据拍摄创意，选择合适的布光方式。 （2）善于观察、捕捉细节，让照片展现产品的形、色、质。 （3）掌握商业广告产品摄影的拍摄流程	20	
	3	作品拍摄	完成商业广告产品摄影作品的拍摄	分组完成商业广告产品摄影的拍摄。构图完整、曝光合理	50	
	4	作业完成情况	按照任务描述提交相关实践作品	按时上交符合要求的拍摄实践作品	15	
	5	工作效率及职业操守	—	时间观念、团队合作意识、学习的主动性及操作效率	5	

四、相关知识点准备

（一）商业广告产品摄影的前期准备

1. 静物箱

商业广告产品摄影是整个摄影领域中不可或缺的组成部分，当在一些时尚杂志的封面、网络上看到那些精美的饰品和各种各样的香水时是不是会产生一种惊讶感：为什么同样的东西，在摄影师的手中就可以拍得惟妙惟肖，而在自己的手里拍出来就那样平庸

呢？除摄影技巧外，静物拍摄对器材也是有特别要求的，拥有一个好的平台，往往可在拍摄中事半功倍。

现在，有些摄影师在拍摄一些比较小的商品时，都会使用一种折叠静物箱（图5-2-4）。有了这种小巧的静物箱，摄影师就可以轻松地将过于繁杂的光线变为柔和统一的光线，对于拍摄一些小饰品和静物来说非常有用。在室内布好稳定光源的情况下，效果会更好。

图5-2-4 折叠式静物箱

2. 灯光

灯光可以使用专业摄影灯，需要两个到三个，一个作为主光，另外一个或两个作为辅助光（图5-2-5）。

图5-2-5 折叠式静物箱的一般布光

在实际拍摄中，并不是光线越复杂越好。正确的布光应该注重光线使用的先后顺序。首先要重点把握的是主光的位置，然后再利用辅助光，调整画面上由于主光的作用而形成的反差，突出层次，控制投影。主光的位置可以在最前方，也可以在顶部，辅助光则可以在四周，甚至在底部，这些都可以根据照相机的位置和产品的特点来进行调整。

3. 摄影器材

摄影器材的选择可参考上一任务的相关内容。

（二）商业广告产品摄影用光技巧

商业广告产品的拍摄与其他摄影题材在光线的使用方面有一定的区别。商业广告拍摄的对象多数是要充分表现其质感的商业产品，拍摄中灯光使用较多，在画面布局和灯光处理方面比较复杂。

1. 室内自然光

如果条件有限，使用室内自然光拍摄商品，拍摄者应该了解这种光线的特点和使用要求。室内自然光是由户外自然光通过门窗等射入室内的光线，方向明显，易造成物体受光面和背光面强烈的明暗对比。要改变拍摄对象明暗对比过大的问题，一是要设法调整自己的拍摄角度，改善商品的受光条件，加大拍摄对象与门窗的距离；二是合理地利用反光板，使拍摄对象的暗处局部受光，以此来缩小商品的明暗差别。如果拍摄对象比较小，也可结合使用折叠式静物箱加自然光拍摄，可取得很好的效果。

2. 人工光源

人工光源主要是指各种灯具发出的光。这种光源是商品拍摄中使用最多的一种光源。它的发光强度稳定，光源的位置和灯光的照射角度，可以根据自己的需要进行调节。

如何使用人工光源进行拍摄，要根据拍摄对象的具体条件和拍摄者的创意构思来决定。一般情况下，商品拍摄依靠被摄商品的特征来吸引买方的注意，光线的使用会直接关系到被摄商品的表现。要善于运用光线明与暗、强与弱的对比关系，了解不同位置的光线所能产生的结果。

（1）侧光，能很好地显示拍摄对象的形态和立体感。

（2）侧逆光，能够强化商品的质感表现。

（3）角度较低的逆光，能够显示出透明商品的透明感。

（4）角度较高的逆光，可用于拍摄商品的轮廓形态。

应熟悉和掌握上述各种位置灯光的作用和效果，在拍摄过程中，可以先使用一个照度较大的单灯在拍摄对象前后、左右不同的位置进行照明试验，细心观察不同位置光线所能产生的不同效果，以了解它对拍摄对象的表现所产生的作用。

利用室内灯光进行商品照片的拍摄，其光线的类型大致可以分为主光、辅助光、轮廓光、背景光、顶光、地面光等。一般情况下，拍摄的过程采用三、四种光线类型即可。

对于拍摄者来说，在布置各种类型的光线时，切忌将所有的灯光一下子全部照射到被摄对象及其背景等处，这样做势必会造成光影的混乱。

正规的布光注重使用光线的先后顺序，首先重点把握的是主光的运用。因为主光是所有光线中占主导地位的光线，是塑造拍摄主体的主要光线。当主光作用在主体位置上后，其灯位就不要再轻易移动。然后再利用辅助光，调整画面上由于主光的作用而形成的反差，适当掌握主光与辅助光之间的光比情况。

辅助光，一般安排在照相机附近，灯光的照射角度应适当高一些，目的是降低拍摄对象的投影，不致影响到背景的效果。辅助光确定以后，再根据需要考虑轮廓光的使用。

轮廓光，一般都在商品的左后侧或右后侧，而且灯位都比较高。使用轮廓光的时候，要注意是否有部分光线射到镜头表面，一经发现要及时处理，以免产生眩光。其后再按照拍摄需要，考虑背景光等其他光线的使用。

所需光线全部部署好以后，再纵观全局，做一些必要的细微调整。当然，这种有主有从、有先有后的布光顺序只适用于一般情况。面对一些特殊的拍摄对象，光线的使用，并不一定拘泥于主光到辅助光再到轮廓光这种用光顺序。有的时候只需要一个灯照明，有的时候将顶光作为主光使用。总之，只要拍摄者通过反复实践，掌握用光的规律，就能很好地把握商品拍摄中光线的使用效果了。

下面将几种不同表面材质商品的光线运用方法做一个简单介绍：

（1）粗糙表面商品的光线运用。许多商品具有粗糙的表面结构，如皮毛、棉麻制品、雕刻等，为了较好地表现其质感，在光线的使用上，应采用侧逆光或侧光照明，这样会使商品表面呈现明暗起伏的结构变化。

（2）光滑表面商品的光线运用。一些光滑表面的商品，如金银饰品、瓷器、漆器、玻璃制品等，它们的表面结构光滑如镜，具有强烈的单向反射能力，直射灯光聚射到这种商品表面，会产生强烈的光线改变。所以，拍摄这类商品时，一是要采用散射光线进行照明；二是要采取间接照明的方法，即灯光作用在反光板或其他具有反光能力的商品上，用反射出来的光照明商品，就能够得到柔和的照明效果。

（3）透明商品的光线运用。玻璃器皿、水晶、玉器等透明商品的拍摄一般都采用侧逆光、逆光或底光进行照明，如此可以很好地表现出商品清澈透明的质感。

（4）无影商品的光线运用。有一些商品照片，画面处理上完全没有投影，影调十分干净。这种照片的用光方法，是使用一块架起来的玻璃台面，将要拍摄的商品摆在上面，在玻璃台面的下面铺一张较大的白纸或半透明描图纸。灯光从下面作用在纸上，通过这种底部的用光就可以拍出没有投影的商品照片，如有需要也可以从上面给商品加一点辅助照明。这种情况下，要注意底光与正面光的亮度比值。

3. 光线与气氛

商品拍摄表现的气氛可以给予购买者一种情感上的反应，这种气氛是在拍摄过程中受光线的作用而产生的。只有在有意识地保留这种光线照明特征的情况下，特定的光线才能表现出一定的气氛。例如，在逆光条件下，拍摄对象明暗反差大，被摄体朝向照相机镜头的这个"面"往往会呈现在阴影中，如果不恰当地使用过量的辅助光线从物体的正面照射，将背光面照得很亮，只顾着去表现被摄体更多的细部层次，不仅会失去画面上逆光摄影的光线感觉，更会破坏照片画面的整体气氛。因此，摄影师应根据所使用光线的造型作用和特点，调整好主光与辅助光的光比结构，利用画面气氛，才能更好地刻画出商品摄影画面的主体。

（三）商品的布局

按照构图的基本要求，应在简洁中力求主体的突出；在均衡中力求画面的变化；在稳定中力求线条和影调的跳跃；在生动中力求和谐统一；在完整里力求内容与形式的相互联系。准备拍摄之前，要仔细观察被拍摄商品，取其最完美、最能表现自身特点的角度，然后将其放在带有背景的静物拍摄台上。构图时要根据不同的拍摄对象做不同的安排。

只有平时多练习和积累，才能把握商品拍摄的画面布置和构图技巧，并得心应手地将其运用于实践。下面介绍几种传统的构图形式，供大家在实践中参考。

1. △形（三角形）构图

△形构图就是常说的三角形构图。这种构图是静物拍摄中最常用的一种方式。它所表现的静物画面具有稳定性和庄严的感觉。三角形构图要注意的是：主次的关系一般形成不等边的三角形，如此显得既稳定又不呆板。

2. ▽形（倒三角形）构图

与三角形构图相反，这种倒三角形构图极富动感，在不稳定的情绪中求得感觉上的变化。这种构图形式也是商品拍摄中较为常用的一种。

3. S形构图

S形构图优美而富于变化，虽然在商品拍摄中比较少见，但是借助线条的动感作用，有时会拍出极富想象力的作品。

4. 对角线构图

在这种构图形式中，由于主体的倾斜，画面的冲击力得以加强，给人以强烈的动感。

以上四种构图方法是较为传统的构图形式。商品拍摄的构图形式和布局没有固定不变的模式，借鉴的目的不是要照搬，而是要在应用的基础上发挥自己的才能和创新能力。

（四）背景的选择和处理

1. 背景灯光的运用

在商品拍摄中，背景灯光如果运用合理，不仅能在一定程度上清除杂乱的灯光投影，还能更好地渲染和烘托主体。背景灯光的布光有两种形式：一种是将背景的照明亮度安排得很均匀，没有深浅明暗差异；另一种是将背景的光线效果布置成中间亮周围暗或上部暗下部亮的渐变效果。通过用光线对背景进行调整，可以使背景的影调或色彩既有明暗之分又有深浅之别，将拍摄对象与背景融合成一个完美的整体，得到非常好的拍摄效果。

2. 背景色彩的处理

背景色彩的处理，应追求艳丽而不俗气、清淡而不苍白的视觉效果。背景色彩的冷暖关系、浓淡比例、深浅配置、明暗对比，都必须以更好地突出主体对象为前提。可以用淡雅的背景衬托色彩鲜艳的静物，也可为淡雅的静物配以淡雅的背景。在这方面没有硬性的规定，只要将主体和背景的关系处理得协调、合理即可。另外，黑色与白色背景在商品拍摄中越来越受到重视。它们对于主体的烘托和表现，有着其他颜色背景达不到的效果。尤其是白色背景能给人一种简练、朴素、纯洁的视觉印象，会将主体表现得清秀明净、淡雅柔丽。

五、练习题

1. 熟悉商业广告产品摄影的相关器材和方法步骤。

2. 分组完成不同光线条件下的商业广告产品摄影作品两幅。

任务三　食品类产品摄影

本任务主要让学生了解食品类产品摄影的拍摄技巧。通过完成任务，了解一般食品类摄影要注意的问题和要求，熟悉食品类摄影的流程和拍摄步骤。

一、任务描述

任务描述如表5-3-1所示。

表5-3-1　任务描述表

任务名称	食品类产品摄影
一、任务目标	
1. 知识目标 （1）认识食品类产品摄影要注意的问题和要求。 （2）熟悉食品类产品摄影作品拍摄的流程。 2. 能力目标 （1）拍摄时能根据不同的产品正确设置曝光参数并且合理布光。 （2）能够运用照相机拍摄出符合要求的食品类产品摄影作品。 3. 素质目标 （1）培养勤于思考、探究的能力，学会举一反三。 （2）培养学习新知识与技能的能力。 （3）巩固培养正确、熟练使用照相机和附件的能力。 （4）提高对摄影艺术作品的审美能力	

续表

任务名称	食品类产品摄影
二、任务内容	
（1）了解食品类产品摄影要注意的问题和要求。 （2）掌握食品类产品摄影的拍摄步骤，按流程拍摄出符合要求的食品类产品摄影作品	
三、任务成果	
认识食品类产品摄影拍摄的要点，熟悉摄影棚布光，并能顺利完成食品类产品摄影作品的拍摄任务	
四、任务资源	
教学条件	（1）硬件条件：照相机、多媒体演示设备、摄影棚及相关设备等。 （2）软件条件：多媒体教学系统
教学资源	多媒体课件、教材、网络资源等
五、教学方法	
教法：任务驱动法、小组讨论法、案例教学法、讲授法、演示法。 学法：自主学习、小组讨论、查阅资料	

二、任务实施

1. 食品类产品摄影要注意的问题和基本要领

食品类摄影是静物摄影的一个分支，在拍摄过程中，除遵循前面任务中讲的静物摄影的一般规律和拍摄技巧外，还应注意食品类摄影的独特魅力，只有这样，拍出的作品在视觉上才有诱惑力。

（1）保持背景干净。尽可能使背景与食品的颜色产生对比，不要使用与食品颜色相近的背景。另外，背景要干净，并应多用纯色的盘子盛放食物等。

（2）调整白平衡。在拍摄食品时，学会平衡色彩。根据所拍摄的不同食品调整照相机的白平衡。如拍摄肉类食品时，可使用暖色调。如果用RAW文件格式拍摄，在后期可用软件进行无损调整。

（3）合理用光。在影棚拍摄，布光打灯时可多模拟自然光照明。一般主光（光源）位于食品主体上方，除非要拍摄特别的戏剧效果，否则通常的主灯，会由上至下照明，与照相机成30°~60°。另外，可用一至两盏带柔光箱的灯做微弱的补光，以便把反差降至合理水平。

（4）使用三脚架和拍摄附件。三脚架是食品拍摄过程中保障图片质量的重要设备。当然，也是我们从事其他各类题材摄影不可或缺的附件，其他摄影器材和附件可参考前期任务的介绍。

（5）表现画面的细节。小细节能使画面显得与众不同。不要忽略一些小细节，有时候成功就在于一些细节。如看看盘子和杯子的边缘有没有掉出来的食物，擦掉残迹。

（6）适时用微距拍摄。可以用微距方法拍摄装着食品的盘子局部，展示食品更精细的部分，让画面更有趣。

（7）从不同的方面表现食品的形状。除表现食品的完整形象外，还可以表现食品内在的纹理和颜色，这些特征有时更能吸引观众。比如，将蛋糕切开，展示一层层不同的食材等。

（8）从各个角度拍摄。不要老从一个角度拍摄食品，可变换视角从不同的位置观察食品。当然，在影棚拍摄时，也可以多调整变换食品的位置。

（9）使用小道具。根据拍摄的需求和创意，可考虑在画面中增加各种其他元素，如用一瓶葡萄酒作为牛排与土豆的背景。当然，在安排这些道具到画面中时，一定不要影响到画面的整体效果，切不可喧宾夺主，分散观众的注意力。

（10）适当进行"效果处理"。在摄影棚当中，为了拍摄出食品诱人的效果，使照片更具吸引力，可以适当地对食品进行特殊的处理，如在食品上涂抹植物油，使食品看上去更鲜亮；在拍摄水果时，在水果的表面涂上一层薄薄的油脂，然后再喷洒水雾，就会使水果产生鲜美晶莹的效果，再通过侧光的照明，使水果鲜嫩欲滴（具体做法为：先将几滴甘油倒在手掌上，揉擦一下双手，然后把水果拿在手中，用双掌搓动。再把水果放在碗里，并按自己的设想摆放整齐。最后，拿一个灌满水的塑料喷雾瓶，将水小心地喷到水果上。这样，水果上就出现了一层晶莹的水珠，达到了理想的效果）。

2．食品类产品摄影的拍摄流程、步骤

（1）做好准备工作，进行拍摄。在摄影棚中，根据拍摄创意和要求，完成食品和背景的布置摆放和布光后，就可以进行拍摄了。在静物台前方支好三脚架，架好照相机准备拍摄。

本例用深纯色做背景，布光上用较硬的半侧光，这样利于突出盘中食品的质感。

（2）对照相机主要参数进行详细设定

1）影像品质：选择JPEG精细或RAW+JPEG模式，保证照片的较高质量。

2）影像尺寸：选择最大尺寸，为后期调整处理留有余地。

3）焦距：根据不同的拍摄意图，选择不同的镜头焦距，多数情况下选择标准焦距拍摄。本例选用的是50 mm标准镜头。

4）白平衡：根据现场环境选择适合的白平衡。如在摄影棚拍摄，为了保证照片能准确还原食品的色彩，白平衡的选择要和摄影灯一致。也可尝试用其他白平衡拍摄（如食品摄影用暖色调会有利于表现食物的新鲜感）。

5）感光度：根据环境亮度尽量选择低感光度拍摄（如ISO100）。

6）AF区域对焦模式：一般选择中央单点对焦。

也可根据个人习惯进行选择。

7）测光：如果在摄影棚用影室闪光灯拍摄，一般必须选用外置测光表进行入射式测光（具体测光方法在前期任务中已详细说明）。如果没有外置测光表，布好光后可多次试拍获得合适的曝光组合（可根据拍摄意图选择合适的光圈大小）。本例选择大光圈的曝光组合以体现食品的质感和浅景深效果。

8）曝光模式：在影棚拍摄时，选择全手动模式（M）进行拍摄。将用外置测光表测得的曝光组合（光圈、快门值）输入照相机。

（3）同步闪光灯。将闪光灯同步触发器插在照相机的热靴插座上，同时打开影室灯上的接收器开关（注意接收器和触发器的频道要设置一致）。

（4）构图。根据自己的拍摄意图和摄影构图的一般规律进行合理构图。

（5）对焦拍摄。半按快门按钮（或快门线按钮）对焦。食品类产品摄影的拍摄对焦点一般选择在主体物象上，也可根据画面需求重新构图，持续按下快门按钮完成拍摄。

（6）不同的曝光组合对比。可尝试采用不同的曝光组合进行拍摄（主要调节光圈值和闪光灯功率的大小，注意快门速度设置不要超过闪光灯同步最高速度，一般设置为1/125 sec），比较不同的拍摄效果。

（7）拍摄完成后，仔细收拾摄影器材。

3．拍摄样片分析

这是一幅食品类摄影作品（图5-3-1）。主体由盘中食物构成；背景选用深蓝色绒布，主光选择较硬的光线（图5-3-2），光圈选择f2.8大光圈，其目的都是突出食物的油亮质感。整个画面简单、明了，主题突出。

图5-3-1　样片

拍摄样片参数：

照相机：尼康D3000

镜头：尼克尔AF-S 50 mm f/1.4 G镜头

焦距：50 mm

曝光模式：M

光圈：f2.8

快门：1/250 sec

测光模式：外置测光表入射式点测光

ISO：100

曝光补偿：0EV

白平衡：闪光灯

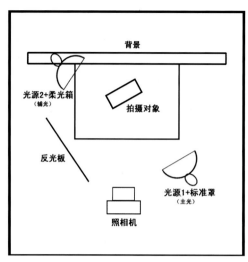

图5-3-2 布光图

三、任务检查

任务检查如表5-3-2所示。

表5-3-2 食品类摄影任务考核指标

任务名称	序号	任务内容	任务要求	任务标准	分值/分	得分
食品类产品摄影	1	食品类产品摄影拍摄要注意的问题和要求	完成对食品类产品摄影要注意的问题和要求的了解	熟悉食品类产品摄影拍摄过程中要注意的问题和要求	10	
	2	食品类产品摄影的拍摄方法和步骤	掌握食品类产品摄影的拍摄步骤	在食品类产品摄影实践中掌握并熟练运用拍摄方法和步骤	20	
	3	作品拍摄	完成食品类产品摄影作品的拍摄	分组完成食品类产品摄影作品的拍摄,做到构图完整、色调和谐、曝光正确	50	
	4	作业完成情况	按照任务描述提交相关实践作品	按时上交符合要求的拍摄实践作品	15	
	5	工作效率及职业操守	—	时间观念、责任意识、团队合作、工作主动性及工作效率	5	

四、相关知识点准备

在拍摄食品时,设置合适的曝光和白平衡非常重要,这是影响美食视觉冲击力的关键。另外,良好的构图与适当的景深,也是美食摄影中不可或缺的条件。在拍摄时尽量稳固照相机,保证焦点清晰是美食照片成功的关键。下面从几个方面谈谈食品拍摄过程中应注意的要点。

(一)采光与白平衡

一张成功的食品摄影作品,除忠实记录其外观形态外,还要让观众接收到色、香、味三种感官感受,以激发其食欲,仿佛美食就在他们眼前。而要拍出佳肴的美味,就要注重光线的运用与白平衡的控制,只要抓住这两个要点,照片就成功了一半。

1. 采光的重要性

光的来源与方向,会影响到美食的诱人程度。因此,学会采光是食品摄影中的首要课题。一般来说,食品摄影的光源不外乎"自然光"与"人造光"两种。自然光源下通常不需要特别调整照相机,自动挡就能拍出美食自然的光泽与色彩;若用人工光,光线应充足，这样食物才能获得足够的照明，再配合构图与正确的白平衡，就能拍出出彩的食品照片。

虽说食品不像人或动物一样有丰富的表情，但它们也有"生命"。假如不能掌握拍摄的"火候"，则脍炙人口的食品完全有可能变得让人大倒胃口。对于质地粗糙的食物（如切开的面包和蛋糕），光线应该是柔和而且有方向性的，所以，一般多在灯具上使用柔光罩和蜂巢；对于蔬菜和水果，则多使用散射光照明；对于某些表面沾满油脂的食品（如烹调好的菜肴、红烧或熏烤的肉类和家禽），布光时不能过于求实，应格外关注主体上的照明，光线要透，略微硬性一些也无妨，光线不一定非从正面或上面照亮食品，可以尝试使用偏侧的主光和有个性的辅助光；拍摄具有一定透光性的食物（如蔬菜、薄片、果冻、饮料）时，光线的强度和柔度应该巧妙结合，适当地运用轮廓光和逆光表现被摄物的诱人之处是非常关键的。

拍摄食品大多追求色彩的正常还原，尤其是拍摄凉菜、西式点心、快餐一类的照片。但有时会采用暖性光线照明，如煎炸食品、烘烤面制品等，金黄的色泽暗示了该食品的新鲜和香脆松软。为了保持食品的鲜美感，还可以在食品上喷洒或涂上一些特殊的液体，或将某些物质注入食品，以保持其色泽、表面的质感和新鲜的外貌（图5-3-3）。

图5-3-3　采光

2. 白平衡的合理控制

除光源条件外，白平衡也是影响美食摄影效果的一项重要环节。虽然现在数码单反照相机的自动白平衡大都能忠实还原现场的色温，但在光源过于复杂的环境中，还是得使用自定义白平衡或是选用RAW文件格式进行拍摄较为保险。

数码单反照相机自定义白平衡的设置其实很简单。以尼康数码单反D3000为例，在现场拍摄环境中，只要在待机状态下按屏幕左边的MENU键，进入菜单设置界面，再按四维方向键选择"拍摄"选项

卡，选择白平衡（WB）选项，然后点击"OK"键进入白平衡设置界面，选择"PRE"字样，再点击"OK"键，进入手动预设界面，选择"测量"，点击"OK"键进入，选择"重写现有预设数据"项。此时，半按快门回到拍摄状态，屏幕上的"PRE"字样开始闪烁，这时将中间灰或纯白色物体充满画面，并完全按下快门键让照相机测量白平衡，照相机显示"已成功获得数据"，则表示自定白平衡已完成。这时再拍摄就会把事先预置好的白平衡运用到当前的画面中。当然，也可视现场光源的种类选择适当的白平衡。而且，照相机允许白平衡微调（图5-3-4）。

图5-3-4　白平衡

（二）食品光泽的表现

当光线从适当的角度照射在美食上，会在表面产生诱人的油亮质感。因此，在拍摄美食时，需要留意光源角度的不同，它们会影响食物本身的光泽变化与呈现。用单反照相机拍摄时，除要考虑光源照射的方向外，还要视食物的摆盘位置与角度来寻找最佳的拍摄视角；另外，尽量在食品做好后的最短时间内完成拍摄，这样做的主要目的是保持食材鲜度，拍出光泽诱人的效果（图5-3-5）。

图5-3-5　食品光泽的表现

（三）光圈的控制

光圈大小会直接影响画面景深的程度。光圈越大，景深越浅；反之景深越深。就单反照相机尼康D3000所搭载的APS-C画幅来说，用f4~f5.6的光圈值拍摄时，景深的表现会比较理想。若拍摄的光圈值大于f2.8（如f1.4），则画面会因光圈太大景深太浅，反而让观看者无法辨识食物的原始面貌，所以，光圈的控制要适宜，适当的景深不仅可恰如其分地突显主题，还能适度虚化背景，营造画面的立体感（图5-3-6）。

图5-3-7　取景构图的灵活性

淡无奇。其实只要善用光线并勇于尝试，甚至在按下快门之前先稍微堆叠整理，让美食露出其真面目，再平凡的食物在镜头下也会变得不平凡（图5-3-8）。

图5-3-6　光圈的适当控制

（四）取景构图的灵活性

拍摄食品，一定先要转动盘子多角度观察，找出食物最美的一面。另外，横幅与竖幅构图会带来不同的视觉效果，其中横幅构图是大多数照片的构图方式。拍摄者还要根据不同的食材和盛放食物的器具，灵活运用各种构图方式去表现食物最美的一面。在拍摄角度上，侧面拍摄尤其适合汉堡、三明治、蛋糕等垂直层次较多的食物；而要想拍摄食物的全貌或丰盛的场面，传统的做法是从与放置食物的平面几乎平行的角度进行拍摄（图5-3-7）。

（五）家常菜的拍摄

一般人认为家常菜视觉上通常无立体感，造型平

图5-3-8　家常菜的拍摄

五、练习题

1. 了解食品类产品的摄影方法和技巧。
2. 分组完成不同光线条件下的食品类产品摄影作品两幅。

任务四　购物网站商品摄影

本任务主要让学生了解购物网站商品摄影的技巧。通过完成任务，了解购物网站商品摄影要注意的问题和要求，熟悉购物网站商品的拍摄技巧和步骤，同时开阔自己的视野，为今后拓宽就业取向奠定基础。

一、任务描述

任务描述如表5-4-1所示。

表5-4-1　任务描述表

任务名称	购物网站商品摄影	
一、任务目标		
1. 知识目标 （1）了解购物网站商品拍摄的特点和基本要求。 （2）掌握购物网站商品拍摄的流程。 2. 能力目标 （1）能够在拍摄时正确设置曝光参数并合理布光。 （2）能够运用照相机拍摄出符合要求的购物网站商品摄影作品。 3. 素质目标 （1）培养勤于思考、探究的能力，学会举一反三。 （2）培养学习新知识与技能的能力。 （3）巩固培养正确、熟练使用照相机和附件的能力。 （4）培养今后就业、创业的新思路		
二、任务内容		
（1）熟知购物网站商品拍摄的特点和基本要求。 （2）掌握购物网站商品的拍摄步骤，按流程拍摄出符合要求的购物网站商品摄影作品		
三、任务成果		
对一般购物网站商品摄影要注意的问题有较深入的认识，熟悉摄影棚的布光，分组完成购物网站商品的拍摄任务		
四、任务资源		
教学条件	（1）硬件条件：照相机、多媒体演示设备、摄影棚等。 （2）软件条件：多媒体教学系统	
教学资源	多媒体课件、教材、网络资源等	
五、教学方法		
教法：任务驱动法、小组讨论法、案例教学法、讲授法、演示法。 学法：自主学习、小组讨论、查阅资料		

二、任务实施

1. 购物网站商品的拍摄特点和基本要求

随着科技的日新月异，互联网的飞速发展，网络已经渗透到生活的方方面面。网络购物得到了前所未有的发展。它能为消费者和商家带来诸多的便利和实惠，逐渐成了一种重要的购物方式。人们在购物网站上选购商品的重要参考依据就是卖家提供的商品图片，这些图片是我们了解商品的重要途径，图片质量的好坏会直接影响到商品的销售。因此，产品图片对于网店的重要性是不言而喻的，如果没有好的图片，哪怕你的产品式样再好看、质量再过硬、用最好的推广手段推销产品，还是一样卖不出去。

购物网站上的商品，从广义上来说指的是一切可以出售的物体。它包括自然界的花卉、树木、瓜果、蔬菜、日常用品（包括服饰）、工业用品、手工艺品等。网店商品拍摄不同于其他题材的摄影，它不受时间和环境的限制，24小时都可以进行拍摄，拍摄的关键在于对商品有机的组织、合理的构图、恰当的用光，将这些商品表现得静中有动，栩栩如生，通过照片给买家以真实的感受。

网站商品拍摄的特点主要有以下几项：

（1）对象静止：网站商品所拍摄的对象基本都以静止的物体为主。

（2）摆布拍摄：摆布拍摄是购物网站商品摄影区别于其他摄影的又一个显著特点，不需要匆忙的现场拍摄。可以根据拍摄者的意图进行摆布，慢慢地去完成。

（3）还原真实：忠实还原商品的真实属性，不必过于追求意境，失去物品的本来面貌。

购物网站商品，绝大部分为静物室内拍摄。因此，它的基本拍摄方法和前面任务中讲到的静物拍摄方法类似。但网站商品的主要功能是尽可能给消费者提供客观、真实的产品外观。在商品拍摄过程中，不仅在图片拍摄上要体现艺术性，还要注意图片的实用性。例如，拍摄商品时既要注意商品的整体效果，又要注意表现商品的质感和细节。所以，在拍摄网站商品时，一定要还原产品的"形""色""质"等特点。

1）形：即商品外形特征及画面的构图形式。这里的要点在于角度的选择和构图的处理，千万注意不要失真，最好应同时附有参照物，便于买家直接理解商品的实际尺寸。拍摄时尽量和被拍物体保持水平，这样拍出的照片和产品的外形相差不大。

2）色：即商品的色彩还原。这里的要点在于色彩还原一定要真实，而且和背景要有尽可能大的反差，除拍摄接近白色的物体外，白色背景基本适合所有物体的拍摄，特别是服装类商品。拍摄后要及时核对样片，防止出现色差引起售后纠纷。拍摄时，自定义白平衡可保证色彩还原准确。另外，在色彩的处理上应力求简、精、纯，避免繁、杂、乱。

3）质：即商品的质量、质地、质感。这是对拍摄的深层次要求，也是展现商品价值的最佳手段。网站商品拍摄对质的要求非常严格，体现质的影纹层次必须清晰、细腻、逼真。工艺品一类的商品更应纤毫毕现，尤其是细微处，以及高光和阴影部分，对质的表现要求更为严格。应该用恰到好处的布光角度、恰如其分的光比反差，求得对质的完美表现。

拍摄购物网站商品要准备的摄影器材前面任务中已经介绍过了，在此不再赘述。

2. 购物网站商品的拍摄流程、步骤

（1）做好准备，开始拍摄。在摄影棚中，根据网站商品的特点和要求，完成对网站商品和背景的布置摆放和布光后，就可以进行拍摄了。在静物台前方支好三脚架，架好照相机准备拍摄。

本例用弧面乳白静物台作为商品的盛放台，没有背景布，布光时为了突出商品的特征，用了主光、辅助光和背景光。

（2）对照相机主要参数进行详细设定

1）影像品质：选择JPEG精细或RAW+JPEG模式，保证照片的较高质量。

2）影像尺寸：选择最大尺寸，为后期调整处理留有余地。

3）焦距：根据不同的商品和拍摄意图，选择不同的镜头焦距，多数情况下选择标准焦距拍摄。本例选用的是60 mm微距镜头。

4）白平衡：根据现场环境选择适合的白平衡。如在摄影棚拍摄，为了保证照片能准确还原商品的色彩，白平衡的选择要与摄影灯一致。尽可能还原商品的真实色彩。

5）感光度：根据环境亮度尽量选择低感光度拍摄（如ISO100）。

6）AF区域对焦模式：一般选择中央单点对焦。也可根据个人习惯进行选择。

7）测光：如果在摄影棚用影室闪光灯拍摄，一般必须选用外置测光表进行入射式测光（具体测光方法在前期任务中已详细说明）。如果没有外置测光表，布好光后可多次试拍获得合适的曝光组合（可根据拍摄意图选择合适的光圈大小）。本例选择较大光圈的曝光组合以体现商品的适当景深。

8）曝光模式：在影棚拍摄时，选择全手动模式（M）进行拍摄。将用外置测光表测得的曝光组合（光圈、快门值）输入到照相机上。

（3）同步闪光灯。将闪光灯同步触发器插在照相机的热靴插座上，同时打开影室灯上的接收器开关（注意接收器和触发器的频道要设置一致）。

（4）构图。根据自己的拍摄意图和摄影构图的一般规律进行合理构图。

（5）对焦拍摄。半按快门按钮（或快门线按钮）对焦。购物网站商品摄影的拍摄对焦点一般选择在主体物象上（本例在画面中央的咖啡杯上）。此时，也可根据画面需求重新构图，持续按下快门按钮完成拍摄。

（6）不同曝光组合对比。可尝试用不同的曝光组合进行拍摄（主要调节光圈值和闪光灯功率的大小，注意快门速度设置不要超过闪光灯同步最高速度，一般设置为1/125 sec），比较不同的拍摄效果。

（7）拍摄完成后，仔细收拾摄影器材。

3. 拍摄样片分析

这是一组高调商品摄影作品当中的一幅（图5-4-1）。

本幅作品主要表现商品的局部效果，主体为咖啡杯；商品摆放在弧面乳白有机片材质的静物台上，奠定了浅色基调；布光上也突出这一点：在画面右上侧打一个带标准罩的主光，表现出商品的高光轮廓，在左前方打一个带柔光箱的辅助光（也可用反光板），使暗部展现一定的细节。用左右两盏背景灯打亮背景（图5-4-2）。用微距镜头表现物品的局部质感和细节。整个画面清新、明亮，充分反映出了商品的特征。

拍摄样片参数：
照相机：尼康D3000
镜头：尼克尔AF-S 60 mm f/2.8G ED微距镜头
焦距：60 mm
曝光模式：M
光圈：f5.6
快门：1/125 sec
测光模式：外置测光表入射式点测光
ISO：100
曝光补偿：0EV
白平衡：闪光灯

图5-4-1　样片

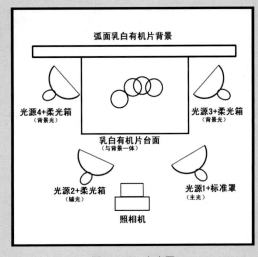

图5-4-2　布光图

三、任务检查

任务检查如表5-4-2所示。

表5-4-2　购物网站商品摄影任务考核指标

任务名称	序号	任务内容	任务要求	任务标准	分值/分	得分
购物网站商品摄影	1	购物网站商品摄影拍摄的特点和基本要求	熟知购物网站商品摄影拍摄的特点和要求	正确理解购物网站商品拍摄的主要问题和要求	10	
	2	购物网站商品摄影的拍摄步骤	掌握购物网站商品摄影的拍摄步骤	在购物网站商品摄影实践中掌握并熟练运用拍摄技巧和方法	20	

续表

任务名称	序号	任务内容	任务要求	任务标准	分值/分	得分
购物网站商品摄影	3	作品拍摄	完成购物网站商品的拍摄	（1）分组完成购物网站商品的拍摄。 （2）尽可能拍出商品的"形""色""质"	50	
	4	作业完成情况	按照任务描述提交相关实践作品	按时上交符合要求的拍摄实践作品	15	
	5	工作效率及职业操守	—	时间观念、责任意识、团队合作、工作主动性及工作效率	5	

四、相关知识点准备

（一）不同类型商品的拍摄

因为不同商品的结构质地和表面肌理各不相同，所以不同物体吸收光和反射光的能力也不同。因此，根据不同质感的物体对光线不同的反映，大致可以将物体分为吸光体、反光体、透明体。这只是比较概括的分类，有些产品的质地介于吸光体、反光体、透明体其中的两者之间，或是吸光体、反光体、透明体三者组合而成的复合型产品。

在产品摄影中，掌握这三类物体的拍摄技巧是最为基本和重要的。

1. 吸光体的拍摄

吸光物体是最常见的物体，它包括木制品、纺织品、纤维制品、毛皮、食品、水果、粗陶、橡胶、亚光塑料等（图5-4-3和图5-4-4）。吸光物体的特点是在光线投射下会形成完整的明暗层次。其中，最亮的高光部分显示光源的颜色；明亮部分显示物体本身的颜色和光源颜色对其的影响；亮部和暗部交界部分，最能显示物体的表面纹理和质感；暗部则几乎没什么显示。

图5-4-3 吸光体（一）

图5-4-4 吸光体（二）

吸光体的表面通常是不光滑的（相对反光体和透明体而言），因此，对光的反射比较稳定，即物体固有色比较稳定统一，而且这些产品通常本身的视觉层次比较丰富。对吸光物体的布光较为灵活多样，像表面粗糙的物体如粗陶制品，为了再现吸光体表面的层次质感，布光的灯位要以侧光、顺光、侧顺光为主，而且光比较小，这样可使其层次和色彩表现得更加丰富。

2. 反光体的拍摄

反光体表面非常光滑，对光的反射能力比较强，所以，塑造反光体一般都是让其出现"黑白分明"的反差视觉效果。

反光体是指一些表面光滑的金属、搪瓷制品或是没有花纹的瓷器等。其最大特点是对光线有强烈的反射作用。一般不会出现柔和的明暗过渡现象。要表现它们光滑的表面，就不能使一个立体面中出现多个不统一的光斑或黑斑，因此，最好的方法就是采用大面积照射的光或利用反光板照明，光源的面积越大越好。布光的关键是把握好光源的外形和照明位置，反光物体的高光部分会像镜子一样反映出光源的形状。如果直接裸露闪光灯光源，并且不用柔光箱，那么直射光就会显得硬，并且方向性非常强，光的形状、大小会直接反射在被拍摄物体上，形成明显的光斑，也就失去了物体的质感。如果不是为了特殊的反光效果，拍摄反光体时通常选择柔光，它可以更好地表现反光体的质感。

另外，还要注意的是灯是有光源点的，所以必需尽量隐藏明显的光源点在反光体上的表现。一般通过加灯罩并在灯罩里加柔光布的方式来隐藏光源点。由于反光体反射的特性，我们还要注意照相机和摄影师的倒影，否则就会出现黑斑。一般会选择一个反射不到自己的角度取景；当然还有其他方法，比如，可以在硫酸纸制作的柔光箱上挖一个洞，将镜头伸进去拍摄，目的就是尽量将摄影师和照相机隐藏起来。

反光体布光的关键就是反光效果的处理，所以，在实际拍摄中一般使用黑色或白色卡纸来反光，尤其是拍摄柱状体或球体等立体面不明显的反光体时。但卡纸的运用要恰到好处，否则会在反光体上形成很多杂乱的斑点，破坏反光体的整体性，如此也就不能表现其质感了。许多商业摄影师为了表现画面视觉效果，不仅用黑色、白色卡纸，还会运用不同反光率的灰色卡纸来反射，这样既可以把握反光体的本质特性，又可以控制不同的反光层次，增强作品的美感（图5-4-5和图5-4-6）。

图5-4-5　反光体（一）

图5-4-6　反光体（二）

3. 透明体的拍摄

透明体主要是指各种玻璃制品和部分塑料器皿等。其最大特点是能让光线穿透其内部，给人一种通透的质感表现，而且表面非常光滑。由于光线能穿透透明体本身，所以布光时一般选择逆光、侧逆光等。逆光光质偏硬，能使被摄体产生玲珑剔透的艺术效果。

拍摄透明体很重要的是体现主体的通透程度。在布光时常采用透射光照明，逆光的光位，光源可以穿透透明体，使不同的质感上形成不同的亮度。有时，为了加强透明体形体造型，并使其与高亮逆光的背景剥离，可以在透明体左侧、右侧和上方加黑色卡纸来勾勒造型线条。

布光时，一般用黑色卡纸修饰玻璃体的轮廓线，用不同明暗的线条和块面来强调玻璃体的造型和质感。当然在用逆光时应注意，不能暴露光源，一般用柔光纸来遮住光源。

表现黑背景下的透明体，要将被摄体与背景分离，可在两侧采用柔光灯，这样不但可以将主体与背景分离，也可使其质感更加丰富。如在顶部加一灯箱，就能表现出物体上半部分的轮廓，这样透明体就会在黑色背景里显得格外精致剔透。如果是盛有带色液体的透明体，为使色彩不失去原有的纯度，可在物体背面放上与物体外形相符的白纸，从而衬托其原有的色彩。

对透明物体最好的表现手法是：在明亮的背景前，物体以黑色线条显现出来；或在深暗色的背景前，物体以浅色线条显现出来。"明亮背景黑线条"的布光方法主要是利用照亮物体背景光线的折射效果。透明物体放在浅色背景前方足够的距离上，背景用一只聚光灯的圆形光来照明，光束不能照射到被摄物上，使得背景反射的光线穿过透明物体，在物体的边缘通过折射形成黑色轮廓线条，线条的宽度正好是透明物体的厚度。改变光束的强度与直径可以得到不同的效果，光束的强度越强，直径越小，画面的反差就越强。"暗背景亮线条"的布光方法主要是利用光线在透明物体表面的反射现象。被摄体放在距深色背景较远的位置上，被摄体的后方放置两个散射光源，由两侧的侧逆光照射物体，使物体的边缘产生连续的反光。"暗背景亮线条"的布光特别有利于美化厚实的透明物体，但这种布光手法在技术上不易掌握，需要不断调试才能达到预期的效果。

在拍摄透明物体时，还应注意曝光控制，使用"明亮背景黑线条"方法时，用测光表对明亮的背景测光，然后按测得的测光数值增加1级曝光，这样既能保证背景明亮，又能保证物体轮廓线是黑色的。使用"暗背景亮线条"方法时，曝光量的确定较为复杂，此时可测量18%标准灰板，以这个测光数值曝光，亮部会因曝光过度形成白线条，而暗部也能保留适当的层次（图5-4-7和图5-4-8）。

图5-4-7 透明体（一）　　图5-4-8 透明体（二）

（二）日常服饰的拍摄技巧

1. 衣服的拍摄

购物网站展示的服装照片，其主要作用就是向买家传达一件服装的款式、结构和尽可能准确的颜色。首先，要真实、全面地展示所拍的服装。不但要拍摄服装主图，还要拍摄服装的细节照片，这些细节对展示服装的质地、做工等非常重要，让买家看得全面、买得放心；其次，要尽可能真实地还原被拍摄服装的色彩，除选用色彩还原较好的照相机外，对拍摄环境和用光也有较高的要求。通常，拍摄的背景选用纯白色或浅色的单一墙面，也可选用纯色摄影用无缝背景布，这样拍摄出的照片没有明显的接缝。

目前拍摄服装时，用得较多的展示拍摄方法主要有平铺、挂拍、服装模特拍摄三种。

（1）平铺。平铺拍摄能全面直观地展示服装。尤其对一些基本款的服装，这种方法是最简单也是最有效的，适合新手卖家。但是，平铺拍摄的缺点是服装缺乏立体感，层次也不够分明。为此在平铺拍摄时，在服装摆放上可以使服装有些自然的起伏，将服装的领子或袖子等部位摆放得动感些，或翻起门襟下摆，或圈起袖管。外套可以考虑在里面放置一两件服装，给裤子带上一根腰带，放置一个挎包、一双皮鞋等都是不错的解决方法。这样，一方面可以展示服装的搭配效果；另一方面也可以让服装有层次和动感，弥补平铺拍摄的缺陷。

平铺拍摄主要考虑的是背景问题，常用的背景材料是背景纸，它的颜色选择较多，但一定要选亚光纸，这样可在拍摄过程中避免反光。照明光线应均匀地照足整个被摄服装。对需要保留外缘阴影部分的服装，应选择适合的光线角度以获取满意的效果。另一种背景材料就是无纺布，其优点是可多次重复利用，拍摄效果也较理想。拍摄时，拍摄者站的位置不要挡住入射光线，照相机镜头应垂直对准被拍摄服装的中心位置（图5-4-9）。

（2）挂拍。挂拍相对平铺而言要难掌握一些。通常，服装都需要挂到衣架上，衣架可选择造型简单一些的。背景墙一般宜选择浅色的，这样容易突出主题。在拍摄的角度上，正面的比较直观，商品的细节看得清楚；侧面一般是拍摄商品细节时使用（图5-4-10）。

图5-4-9 平铺　　　　图5-4-10 挂拍

（3）服装模特拍摄。这是较为理想的展示服装的方法之一，成本也比较高。它可以通过模特的穿着展示服装的整体感观，服装的特点都能交代得比较清楚。拍摄时，还可以加些生活用品或家具做辅助背景，采用户外大背景拍摄也是很好的选择。

选择这种方法，首先要求服装尽可能符合模特身材，只有这样服装才能最完全、最准确地被演绎。拍摄时，一些饰品、道具的搭配也很关键，它有助于指导买家如何搭配穿着这款服装（图5-4-11）。

图5-4-11 服装模特拍摄

2. 围巾和帽子的拍摄

围巾和帽子的拍摄要点类似，就围巾而言，它不像首饰那样精致小巧，也不像衣服那么有板有型，它本身很单调，需要有造型。围巾一定要表现出动感、飘逸的感觉。围巾的种类繁多，不同材质的围巾，在被拍摄的时候所需要表现出来的质感也不尽相同。如纯羊毛的围巾，其特点是质地较轻盈，纹路清晰，光泽自然柔和，手感柔软而弹性丰富；丝绸质感的围巾手感光滑，晶莹剔透；布料的围巾比较硬挺，造型感强烈。所以，在拍摄围巾时要有侧重地表现围巾的这些特点，尤其是不能忽视细节，有时细节更能说明商品的质量。

在拍摄之前，可先了解一下不同围巾的系法，看哪种系法最能体现围巾的特点、花色和质感，并找到适合的背景色来衬托围巾的花色。一般来说，白色的背景纸，可以使画面显得干净，凸显围巾柔软的质感。

另外，可让真人试围、试戴，以表现其不同围、系的花样，让买家直观地看到宝贝上身的效果，好的花样自然会吸引年轻、时尚的买家（图5-4-12和图5-4-13）。

图5-4-12　围巾的拍摄　　　图5-4-13　帽子的拍摄

3. 腰带的拍摄

腰带的特点是细且长。同时，腰带的款式繁多，因此，要根据腰带的材质来拍摄。通常，拍摄腰带有三种角度，一是微俯；二是平视；三是正俯视。拍摄腰带需要一定的角度，以腰带扣为拍摄重点，起到强调作用，顺带展示腰带的材质。另外，腰带的造型也很重要，腰带本身属于细长型，如直接放置在拍摄台上，画面中的空白太多，会显得单调又乏味，拍摄时可以将同款多色叠加在一起，这样会显得比较有整体感。将腰带弯曲叠放在拍摄台上，除展示表面纹理、花色外，腰带扣应该摆放在视觉的中心位置（图5-4-14和图5-4-15）。

图5-4-14　腰带的拍摄（一）

图5-4-15　腰带的拍摄（二）

4. 背包、钱包的拍摄

在拍摄背包时，为了体现其立体感，需要在包里装有一些填充物，让背包有型，从而让买家清楚地知道在实际使用时背包的模样。

皮包和皮鞋的材质一样（图5-4-16），在拍摄时容易产生反光，照明的控制很关键，建议在拍摄过程中使用反光板。拍摄休闲背包时，反光问题不明显，常规拍摄问题不大。展示背包的外形时，要对不同的角度都兼顾到才行（图5-4-17）。

图5-4-16　皮包的拍摄

图5-4-17　背包外观的拍摄

对商品外形的第一感觉是买家决定是否购买该商品的关键。但对背包、钱包这类商品而言，买家十分关注内部的设计，因此，拍摄时要将其完全打开进行拍摄（图5-4-18和图5-4-19）。另外，还要注意外观的摆放。

另外，拍摄背包也可以像之前拍摄服饰一样，找个模特将包背起来展示，以便让买家了解背包上身的效果如何。这也是现在很多卖家常用的手法（图5-4-20）。

图5-4-18　背包内部细节

图5-4-20　背包的展示

图5-4-19　钱包内部细节

拍摄时，要尽量让照明光线进入背包里面。背包通常由特定材质做成，如果想充分表现背包的材质，拍摄时最好将特定部分放大，同时，还要仔细拍摄背包富有特色的部分，如肩带、拉链、牢固的缝制等，充分展示商品优良的品质。

五、练习题

1. 了解购物网站商品摄影的拍摄方法和技巧。
2. 分组完成两幅购物网站商品的摄影作品。

静物摄影作品　　　商业广告产品　　　食品类产品摄影
　欣赏　　　　　摄影作品欣赏　　　　作品欣赏

其他摄影及摄影工作室的创建

任务一 新闻摄影

本任务主要让学生掌握新闻摄影的拍摄技巧，了解新闻摄影的拍摄要求。通过完成任务，熟悉新闻摄影应注意的问题和拍摄方法，客观、真实、全面地反映新闻事件。

一、任务描述

任务描述如表6-1-1所示。

表6-1-1 任务描述表

任务名称	新闻摄影
一、任务目标	

1. 知识目标
（1）了解新闻摄影的设备要求。
（2）掌握新闻摄影拍摄的基本要求。
（3）掌握新闻摄影的拍摄方法和技巧。
2. 能力目标
（1）熟知新闻摄影设备需求。
（2）根据不同的拍摄环境、要求快速、正确地设置照相机参数。
（3）熟练运用照相机拍摄出客观、真实的新闻摄影作品。
3. 素质目标
（1）培养对新闻事件敏锐的观察和抓拍能力。
（2）培养勤于思考、探究的能力。
（3）培养熟练使用照相机及相关附件的能力。
（4）培养新闻摄影师应有的职业道德素养

续表

任务名称	新闻摄影
二、任务内容	
（1）了解新闻摄影拍摄的基本要求。 （2）掌握新闻摄影的拍摄方法和技巧，按要求拍摄出客观反映新闻事件的摄影作品	
三、任务成果	
对新闻摄影有较深入的认知，了解新闻摄影的拍摄方法，并能正确运用摄影技巧完成新闻摄影的拍摄任务	
四、任务资源	
教学条件	（1）硬件条件：照相机及配件、多媒体演示设备、新闻事件发生地点。 （2）软件条件：多媒体教学系统
教学资源	多媒体课件、教材、网络资源等
五、教学方法	
教法：任务驱动法、小组讨论法、案例教学法、讲授法、演示法。 学法：自主学习、小组讨论、查阅资料	

二、任务实施

1. 新闻摄影的要求及拍摄技巧

新闻摄影，就是用新鲜、真实、生动、感人的图像和简短的文字说明，及时报道新闻事件。其主要特征是借助视觉图像及时生动地报道新闻。

（1）新闻摄影作品的要求。

1）求真。新闻中的图片必须是这一事件中真实的照片，不可将其他图片用于该新闻。

2）求新。图片包含的景象必须新鲜，色彩鲜明、清晰。

3）求活。图片能将新闻事件的现场气氛表现出来，富有感染力。

4）求情。图片能够抓住主体的表情特征，借以抒发主体的心理感受。

5）求意。根据整体新闻的要求，新闻图片必须对新闻内容的侧重点有所表现。

6）文字说明要规范，描述画面的事实，新闻发生日期、人物、事件等要素必须精确严谨，说明新闻事件的背景，最大限度地保证新闻的真实性和客观性。

（2）新闻摄影作品拍摄的技巧。

1）善于捕捉信息含量大的瞬间。图片含有的信息要能表达这则新闻的主题，交代新闻的背景及时间等。例如，将新闻现场的人群活动和相关标语、横幅集于一张照片上，这样，既交代了新闻的主题，也可将现场的活动容纳其中。

2）善于捕捉象征性瞬间。象征性瞬间是一种以形象的概括性和寄寓性见长的瞬间，其画面形象常常表露出某种寓意，喻示着某种画外内涵，更多地渗透着摄影记者的主观认识和思想情感。

3）善于捕捉幽默瞬间。新闻图片中如果加有幽默的镜头，既能从另一角度、侧面反映事件的意义、本质，又能启人心智、令人轻松愉快。

4）善于采摄新颖瞬间。新颖瞬间就是在新闻事件发生的现场，在不同的拍摄位置和角度，所采摄到的新闻事件让人耳目一新、与众不同的瞬间形象。这种瞬间以画面的新颖、独特见长。

5）仔细观察人物动作。对人物动作进行拍摄，能够表现人物的精神、气质和性格特征。

2. 新闻摄影的简单拍摄过程

（1）器材准备及参数设置。新闻摄影要求摄影师能快速移动以应对突发事件的拍摄，还要对新闻主体细节进行准确的捕捉。对机身、镜头还有附件的选择，都是摄影师要提前考虑的。摄影师一定要对设备的性能了如指掌，并且在出发前应仔细检查相关的摄影器材，做好充分的拍摄准备。

根据现场环境对照相机主要参数进行合理设定：

1）影像品质：选择JPEG精细或标准。

2）影像尺寸：根据拍摄使用需求选择合理的尺寸。

3）焦距：根据不同的拍摄意图，选择不同的镜头焦距。

4）白平衡：根据现场环境选择适合的白平衡。一般选择自动白平衡即可。

5）感光度：根据现场环境选择合适的感光度，为了应对不同的环境，可选择自动感光度。

6）AF区域对焦模式：一般选择动态区域或AF自动区域，方便抓拍。

7）测光：一般选择中央重点测光模式。

8）曝光模式：一般选择速度优先模式（S）进行拍摄，根据拍摄对象，拍摄者先选择较快的快门速度（如1/125 sec以上），照相机自动选择光圈值，便于抓拍动态对象。

（2）发现新闻。拍摄之前自主寻找设定某一题材新闻，有目的地进行计划；或者事先不设定题材，在观察行进中随机发现。

（3）拍摄新闻照片。选定新闻事件后，运用适当的技巧拍摄新闻照片。面对新闻事件，边思考边拍摄，尝试从不同视角，用不同的方式表现事件。

对新闻人物进行必要的采访，了解事件的来龙去脉。

（4）整理新闻照片。对拍摄到的新闻照片进行后期处理，严格遵循新闻摄影的基本原则，选择最适合的表现手法，如单张或者组图。

（5）配写文字说明。为照片或组图配写简要文字说明，既要交代必要的新闻要素，又要尽量简洁。

3. 拍摄样片分析

兰州国际马拉松赛已逐渐成为国内独具魅力的马拉松赛事。通过一年一度的赛事，让外界更多地了解开放的兰州。比赛线路横穿风景如画的黄河两岸风景线，每年都有大批市民积极参与。作者通过一个小朋友手拿彩旗舞动的场面从另外一个角度阐释了全民参与健身的热度。旗帜上的文字交代了照片事件主题，拍摄时采用速度优先曝光模式，抓拍生动、自然的人物瞬间动态（图6-1-1）。

拍摄样片参数：
照相机：尼康D3000
镜头：尼克尔AF-S DX 18～55 mm f/3.5～5.6G VR
焦距：55 mm
曝光模式：S
光圈：f5.6
快门：1/250 sec
测光模式：中央重点测光
ISO：100
曝光补偿：0EV
白平衡：Auto

图6-1-1 样片

三、任务检查

任务检查如表6-1-2所示。

表6-1-2 新闻摄影任务考核指标

任务名称	序号	任务内容	任务要求	任务标准	分值/分	得分
新闻摄影	1	新闻摄影的要求	完成对新闻摄影的基本要求的了解	（1）了解新闻摄影的基本要求。 （2）依据新闻事件的环境，完成对所需设备的提前准备	10	
	2	新闻摄影的拍摄方法和技巧	完成对新闻摄影拍摄方法、技巧的熟练运用	（1）依据环境条件，选择相应设备及合理设定照相机参数。 （2）善于观察、捕捉细节，让照片展现新闻事件原貌。 （3）熟练掌握新闻摄影的拍摄方法	20	

续表

任务名称	序号	任务内容	任务要求	任务标准	分值/分	得分
新闻摄影	3	作品拍摄	完成新闻摄影作品的拍摄	寻找新闻突发事件，分组完成新闻摄影的拍摄任务。照片能真实反映事件内容	50	
	4	作业完成情况	按照任务描述提交相关实践作品	按时上交符合要求的拍摄实践作品	15	
	5	工作效率及职业操守	—	时间观念、新闻职业道德、学习的主动性	5	

四、相关知识点准备

（一）新闻摄影器材准备

现在新闻摄影者普遍使用数码单反照相机进行拍照。在新闻摄影实战中，不同焦段的镜头、外置闪光灯、备用存储卡、备用电池必不可少。在日常的摄影采访中，应根据不同的拍摄素材选取相应的镜头。在无目的采访时，准备一只标准变焦镜头即可。

采访中，摄影记者不仅要承担摄影任务，而且还要负责文字记录。因此，录音笔、笔记本、无线网卡等也是我们需要常备的设备。如果拍摄的场景选在音乐厅、体育场或者大型会场，还需配备独脚架等装备，以便在灯光较暗或者不允许使用闪光灯的情况下顺利完成任务。

接到采访任务后，我们要争取提前到达采访区域，全面了解采访区域的环境设施和光照条件，并且最好能够拿到此次会议或活动的议程，做到心中有数。

1. 摄影包

摄影师在拍摄出发前，要做的第一步就是配置一个自己熟悉并且质量过硬的摄影包，如此，才能将自己所需要的摄影器材按部就班地各归各位，为拍摄做好准备。

目前，摄影包都是根据照相机、镜头及周边的一些器材进行设计的。如果要做长时间的摄影，中间过程又没有补给，就要求在器材方面尽可能多地进行规整。因此，一般摄影师会选择一个双肩的大型摄影包。像常见的旅行摄影包一般可放置两个单反机身、3~5个镜头、1~2个外置闪光灯、笔记本电脑、存储卡、数码伴侣、电池、清洁用具等，质量一般都在15 kg以上，对于摄影师的负重要求比较高。但是，这样的摄影包对摄影师而言，一般只是作为一个旅行箱使用，到达目的地之后，摄影师就会选择更加方便的便携包进行活动。

多数摄影师经常使用单肩摄影包。相对于双肩摄影包来说，用单肩摄影包更换摄影器材更加方便，使摄影师对不同环境和景物的拍摄能够更加快捷。单肩摄影包的容量一般为1个照相机机身、2~3个镜头、1个外置闪光灯、存储卡、电池等。这样的摄影包对于短途摄影来说是较为合适的（图6-1-2和图6-1-3）。

图6-1-2 摄影包及摄影器材（一）

图6-1-3 摄影包及摄影器材（二）

如果要进行突发性新闻摄影，最好的选择是腰包型摄影包（图6-1-4）。首先，腰包的便携性要比单肩包和双肩包都要好，能够解放双手，为拍摄营造最有利的环境。其次，腰包的隐蔽性好，使摄影师更容易靠近拍摄环境，拍出来的图片更具有现场感染力。对于一个有经验的突发新闻摄影师而言，一个单反机身加上两个镜头就足以使其应付所面对的拍摄环境。

图6-1-4　腰包型摄影包及摄影器材

2. 照相机

由于新闻摄影对照片的要求是真实、清晰和高效，选择照相机需要考虑以下几个性能。

（1）高速对焦。高速对焦是摄影师非常关心的问题。既然是新闻摄影，往往具有突发性，而且必须是真实发生的，一旦错过就不可再现。如果在对焦上出现问题，那么就只能望洋兴叹，悔之晚矣。

（2）高速连拍。新闻事件往往是在没有准备的情况下发生的，为了保证完成重要的新闻拍摄任务，不放过任何可拍摄到的细节，照相机往往采用高速连拍，以数量求质量。

（3）精准测光。照相机准确的测光系统可为新闻拍摄的成功率提供保证。现在高端数码单反的测光准确性很高，摄影师只需依靠光圈优先或者快门优先就可完成多数情况下的拍摄。

另外，除去会议报道、大型活动外的新闻摄影，建议大家尽量不要使用闪光灯，因为这样容易暴露身份，一方面可能引起事件人物的反感；另一方面也要考虑自身的安全。

3. 镜头

在新闻摄影中，专业标准变焦镜头是最佳的选择，再搭配一个轻巧的长焦镜头，完成拍摄任务就绰绰有余了。像佳能EF 24～70 mm f/2.8L USM镜头

和EF 70～300 mm f/4.5-5.6 DO IS USM镜头，在考虑到焦距段、成像质量的前提下，比较轻巧，携带方便，非常适合新闻摄影。

（二）新闻摄影技巧

新闻摄影是对正在发生的新闻事实进行瞬间形象摄取并辅以文字说明予以报道的传播形式。新闻摄影已经成为当代摄影文化中最为活跃的因素。它的呈现形式直观、形象而真实，具有强烈的现场感、思想性和导向性。目前，主流媒体使用新闻图片的数量很大，力图通过新闻图片体现新闻内涵。一幅好的新闻图片，除应具有新闻性和时效性外，还取决于抓拍的技巧，如拍摄角度、拍摄高度、拍摄构图、拍摄用光、拍摄时机、准确曝光等。下面简单谈谈新闻摄影的实战经验。

1. 新闻摄影的抓拍作用

新闻摄影是用摄影表现手法记录和传播新闻事件中的可视形象的一类摄影。影棚人像摄影通常"以静对静"，基本上是摆拍；而新闻摄影，其基本规律是"动"，"以动对动"，是抓拍。无论政治、文化、军事、经济、商业还是突发新闻，凡适合用新闻摄影表现的，基本上都是"活动"变化的。这就要靠摄影师运用高超的抓拍技巧获取生动感人的画面。

2. 拍摄角度对主体的影响

在新闻摄影中，拍摄角度直接影响着主体。新闻事件中的主要人物无论在何种环境或条件下，拍摄者必须始终注意新闻事件主体（主要人物）的变化，盯住不放，在其频繁的变化中掌握拍摄角度，抓住拍摄时机，充分利用有效的画面、构图和现场有限的光源准确曝光。

3. 拍摄高度对主体形象的影响

新闻事件主体与环境、条件的变化，往往因拍摄高度的不同，直接影响主体形象。例如，在众多的反映抗洪救灾勇士的新闻图片中，摄影师并不是在同一条件、同一高度下拍摄的。

4. 抓拍中构图是先决条件

抓拍是新闻摄影中最基本的手法。在抓拍中构图，在构图中抓拍，是一幅图片取得成功的先决条件。假若摄影师在新闻事件中从头到尾不注意主体变化，见什么拍什么，主体、陪体不分，甚至将所要反映的主要事件（主体）排斥在画面之外，其结果肯定是失败的。

5. 光是突出主体的必要条件

在事件现场，光源受环境影响，要么顺光，要么逆光。新闻摄影必须追随新闻事件的主体，随其变化而变化。摄影师合理运用现场光源，恰到好处地添加辅助光（如能用闪光灯时），不但能弥补现场光源的不足，还能突出主体。

6. 拍摄时机对主体形态的影响

拍摄时机对于新闻主体形态影响极大，必须选择在新闻事件情景交融、人物感情融合的最佳时机按动快门。否则，新闻图片的说服力会大打折扣。

7. 准确的曝光对图片效果的影响

在新闻摄影中，摄影曝光受新闻现场光源、背景的制约。尽管目前的照相机自动化程度越来越高，功能更加齐备，但深色背景、浅色背景、逆光、顺光等特殊情况都会对曝光有一定的影响。即使使用闪光灯，明暗不同的背景也可能会导致影像曝光过度或不足，直接影响图片的层次。因此，摄影师必须对照相机的曝光原理非常熟悉，随时根据当时的环境调整曝光参数。

新闻摄影集新闻性、思想性、真实性、时效性和形象性于一身，能将新闻主体的情感浓缩在画面之中，给人以简洁、震撼的效果。摄影记者必须深入生活，在严格遵守新闻摄影规律的前提下，尽力做到新闻照片的新闻性与艺术性并存，使其既有较强的新闻价值，又有较高的艺术欣赏价值。新闻摄影要求在内容和形式上实现真、善、美的统一，要运用艺术手法，把握典型瞬间，让形象"说话"。这样才会有较强的思想性和感染力，才会有更加震撼人心的效果。摄影师只要离被摄物体近一些，就可以使新闻照片得到比远距离拍摄更好的视觉冲击力。另外，拍摄点的选取也要不落俗套，摄影语言要简洁明了。

（三）新闻摄影中应注意的几个方面

1. 利用好现场光

在新闻采访和拍摄过程中，摄影记者要熟悉各种题材的常规表现方法，充分了解各类活动的议程，观察现场的地形，以便选取最佳的拍摄角度。另外，在室外拍摄时要考虑阳光对活动现场的影响，必要时用闪光灯补光。在室内拍摄应考虑室内灯光照度是否合适，如何设置闪光灯等问题。如果条件允许，可分别在不同设置模式下拍摄，以确保万无一失。

一般公司会议和大型活动都是在弱光氛围中进行的，有时规定不能用闪光灯。这时，必须借助现场光进行拍摄，大光圈专业镜头和具有超高感光度的专业照相机就发挥出优势了。

2. 使用好闪光灯

这里所说的闪光灯是指外置闪光灯，其闪光灯头可以随意调整角度。在使用时多将闪光灯头调整到一定的角度，伸出反光板，光源通过反光板和天花板进行反射。这样操作可以消除被摄主体的投影；如果会议现场空间狭小，可直接将闪光灯调整到90°，通过天花板和周围的墙壁反光，打亮被摄的主体。在日常的新闻摄影实战中，可以多尝试不同的闪光方式，不断积累闪光灯的使用经验。

3. 拍摄领导讲话和会场全景

拍摄领导讲话、演讲等场景之前，可与其进行充分的沟通，使其在感知到摄影记者准备拍照时，尽量给予一定程度的配合。摄影记者在准备拍照前，也可以给领导一个手势或暗示，把握最佳拍摄时机进行连拍与抓拍。在会议拍摄中，要时刻保持高度警觉，密切关注演讲者的动向，将其最佳的表情和手势收入镜头。另外，会议现场的麦克、水瓶等物品可能会对被摄主体造成遮挡，破坏构图，因此，在会议摄影中要寻找最佳的角度，尽可能避开遮挡物。

会议现场拍摄难度大，拍摄时要充分利用好现场光和闪光灯。在拍摄动辄数百人参加的大型会议时，要在构图中全盘考虑观众、主席台领导及主席台展板等要素。合理、充分地运用闪光灯和照相机的感光度、景深原理进行拍摄，保证现场画面前后清晰、曝光适当。

4. 新闻照片的挑选

新闻照片的发稿形式主要包括单幅照片、组照和专题摄影。一般会根据新闻媒体的不同需求选择不同的发稿形式。

最终选择发布的照片要具备以下要素：第一，被摄人物的动作、表情自然；第二，最能代表新闻事件本质的瞬间；第三，兼具特写与大场面；第四，构图合理且具观赏性；第五，动感较强；第六，为抓拍得到的真实图片。

五、练习题

1. 分组根据新闻设定情景制订所需设备清单。
2. 分组寻找新闻事件，完成对新闻事件的拍摄任务。

任务二　婚庆摄影

本任务主要让学生了解婚庆摄影的流程和技巧。通过完成任务，熟悉婚庆摄影拍摄流程，掌握婚庆摄影的技巧和方法，按要求完成婚庆摄影的拍摄任务。

一、任务描述

任务描述如表6-2-1所示。

表6-2-1　任务描述表

任务名称	婚庆摄影	
一、任务目标		
1. 知识目标 （1）了解婚庆摄影的相关器材设备。 （2）掌握婚庆摄影的拍摄要点。 （3）掌握婚庆摄影的拍摄流程、方法和技巧。 2. 能力目标 （1）熟知婚庆摄影的拍摄流程。 （2）根据不同风格的婚庆场景制订合适、详细的拍摄计划。 （3）通过团队配合完成婚庆摄影跟拍任务。 3. 素质目标 （1）培养勤于思考、探究的能力。 （2）培养敏锐的观察能力和现场抓拍的能力。 （3）培养正确、熟练使用照相机和相关附件的能力		
二、任务内容		
（1）了解婚庆摄影的拍摄技巧和要点。 （2）根据不同的婚庆风格，写出周密、详尽的拍摄计划。 （2）模拟婚庆场景，掌握婚庆拍摄流程		
三、任务成果		
对婚庆摄影的流程有较详尽的认识，熟悉自己手中的摄影器材；在拍摄前制订详细的拍摄计划，并通过团队协作完成婚庆任务的拍摄（模拟制订拍摄详细计划）		
四、任务资源		
教学条件	（1）硬件条件：照相机及配件、多媒体演示设备等。 （2）软件条件：多媒体教学系统	
教学资源	多媒体课件、教材、网络资源等	
五、教学方法		
教法：任务驱动法、小组讨论法、案例教学法、讲授法、演示法。 学法：自主学习、小组讨论、查阅资料		

二、任务实施

1. 婚庆摄影的前景

近几年，随着经济的发展，人们的消费水平得到了较大的提高，在消费观念上也有了很大的改变。在一些发达的城市，婚庆摄影这种消费观念已经发展得相当成熟。据有关部门统计，中国每年有将近1 000万对新人喜结良缘，每年因结婚产生的消费总额已近

5 000亿元。巨大的消费额不但催生了影楼、婚宴、婚庆用品、婚庆服饰等行业，许多配套行业如摄影摄像器材、美容美发、珠宝首饰、家居用品、餐饮，甚至装饰材料、汽车、房产、银行贷款、保险理财等也相继进军这一领域。其中，作为朝阳产业的婚庆行业，现在已逐渐形成一个庞大的市场。在婚庆行业中，婚庆摄影又占有非常重要的地位。结婚对于每一个人来说是终身大事，结婚典礼又是一个隆重而有纪念意义的活动，为了将婚礼定格成永恒的记忆，如今的新人们对婚庆摄影的要求可谓精益求精。将整个婚礼过程拍摄下来，不仅能给新娘新郎留下一份美好的回忆，还能使整个典礼变得更加隆重有趣。

2. 婚庆摄影前相关器材的准备注意事项

职业摄影师在婚礼开始的前一天应该检查所有的装备。确保电池已充满电、存储卡已经格式化并留有足够的空间、已清洗了镜头，并且闪光灯和照相机都运行正常。写下一个清单，确保在包中放入了所需的所有装备。充分休息，准备迎接第二天的婚礼拍摄。

（1）照相机：作为商业拍摄的婚庆摄影，中高端数码单反照相机是必备的。在可能的条件下，可准备两台机身，以减少换镜头的麻烦，保证不错过任何精彩瞬间。

（2）镜头：根据客户要求和拍摄档次的考虑，可选用专业变焦镜头、定焦镜头等。一般从广角到长焦的变焦镜头运用最广。建议有覆盖18～135 mm焦段的变焦镜头，因为新人在日后看片子时，既想看到自己结婚时的宏大场景，也想看到两人执手时的甜蜜表情，当然也包括整个过程中的花絮、抓拍等。

（3）闪光灯：婚礼上室内灯光达不到曝光要求时，最好用外置闪光灯拍摄。

（4）三脚架：三脚架在整个婚礼现场虽然使用率不高，但它的重要性绝对不能忽视。

（5）电池：照相机的电池要够用。一般来说，最好配备一块备用电池。而且充电器最好随身带着，万一电池不够用，还可以抽空随时充电。闪光灯的电池也要备足。

（6）存储卡：一般来说，应多准备几张存储卡。拍完的存储卡要妥善安放和保管。

（7）摄影包：摄影包体积不要太大，够用就行，切记随身携带。

另外，尽量随身带上一些镜头纸（布）和小型气吹。记住，不要在任何地方顺手放下东西，如镜头前后盖、储存卡盒子等。建议上身穿摄影马甲，一个摄影师需要随身携带的小附件很多，摄影马甲的口袋足够装下所有东西，如果没有摄影马甲，选择口袋多的休闲服也可以。

3. 婚庆摄影跟拍流程要点

婚庆跟拍，就是指在婚庆过程中摄影师对婚庆的全程拍摄。每一场完美的婚礼都是历史时刻的定格，每种场景也只会出现一次，所以，婚庆摄影对摄影师有很高的技术要求。从前期策划准备，到拍摄和后期制作，摄影师需要与新人密切配合，创造轻松愉悦的氛围，更要善于观察，善于捕捉感人的细节，这样拍摄出来的照片才能打动人。

婚庆跟拍一般要两个摄影师同时对新郎、新娘进行拍摄，这样才会使婚礼影像更加完美。下面围绕一个中式婚礼过程对婚庆跟拍进行一些具体说明。

（1）化妆。婚礼当天，摄影师通常要在约定的时间到达新娘家，从新娘的化妆过程开始拍起。在化妆的间隙，摄影师可以拍摄新娘家里的静物和建筑图片，例如，新人精心购买的婚礼小饰物、纪念品等。当然，重点是拍摄好新娘的婚鞋和戒指。在拍摄这些静物时一般采用大光圈，以虚化背景来突出主体。拍摄也可以静物为前景（如鲜花），以虚化的人物为背景，用静物影像预示美好的一天即将开始，而虚化的人物影像则可以给人更多的想象空间。

新娘精心选的婚鞋、婚戒等都是摄影师应关注的焦点（图6-2-1～图6-2-3）。

图6-2-1　婚鞋

图6-2-2　婚戒

图6-2-3 玫瑰

要想在化妆过程中拍摄出好作品，摄影师要学会与化妆师沟通。拍摄新娘时，可先观察新娘哪些角度更美，这样在拍摄时就可捕捉到新娘美丽的瞬间，把这一刻表达得更唯美。通过采用不同的视点和视角能让画面产生非同寻常的美感，这一刻新娘的表情往往很动人（图6-2-4）。

图6-2-4 新娘化妆

（2）迎亲。摄影师对婚车和迎亲情景进行拍摄时，花车的细节（如扎花）和车队的场景都要拍摄。迎亲过程的拍摄主要集中在新郎与伴郎或其亲友之间的互动。这时，要善于捕捉人物脸上的笑容，以体现喜气洋洋的氛围。迎亲路上，摄影师所乘车辆要跟随婚车，伺机从其侧翼将婚车的速度感拍摄出来，可以利用一些物体，如大桥、树木、隧道等来表现（图6-2-5）。

图6-2-5 迎亲婚车

新郎到达女方家后即要进行"迎亲"环节的拍摄。这时候，新郎新娘分处闺房内外，两位摄影师要分别对两个场景进行跟拍。这时的气氛非常活跃，人物真情自然流露，摄影师要做的就是选好角度，抓拍到这些动人的画面。

新郎在帮新娘穿婚鞋、为新娘戴上佩花时，幸福溢于言表，喜不自禁的表情非常自然，摄影师应注意对这个情景进行抓拍（图6-2-6和图6-2-7）。

图6-2-6 戴佩鲜花

图6-2-7 新人合影

新人与父母甜蜜而幸福的家庭合影会永远留在记忆中，这种照片必不可少（图6-2-8）。

图6-2-8 家庭合影

在迎亲仪式中，有些场景非常具有代表性。茶是新郎给岳父、岳母的承诺，喝完敬茶，女婿便被认可了。拍摄这一场景时应采用广角，突出喜气、温馨的气氛（图6-2-9）。

图6-2-9　敬茶场景的拍摄

迎娶新娘后，新郎就要抱着新娘回家。从女方家门到婚车这段距离，摄影师要在运动中拍摄，可用低角度连续拍摄的方法拍出新人运动时的感觉。新娘进入婚车后，可以选取不同视角拍摄新人的喜悦表情（图6-2-10）。

图6-2-10　婚车内的拍摄

（3）婚礼仪式。在婚礼仪式开始前，摄影师要利用宾客未到的间隙，对婚礼现场进行拍摄，这个时候现场布置已经基本妥当。若宾客入场后再进行拍摄，场面会显得很混乱。此时的拍摄内容同样是从细微处拍到大场景。摄影师要对一些生动有趣的小细节和温馨浪漫的大场景精心选择角度，拍好，这些影像会给新人留下美好的回忆。

喜宴上的小小细节更显婚礼的精致，唯美的场景布置也会让来宾赏心悦目（图6-2-11和图6-2-12）。

图6-2-11　细节的拍摄

图6-2-12　场景的布置

迎宾开始后宾客陆续进入现场，这时重在拍摄新郎、新娘迎接宾客、接受宾客祝福、与宾客互动的画面。此时，可用广角和长焦来拍摄现场的不同气氛。广角影像能很好地表现现场大范围的喜悦氛围，并且能表现出婚礼的隆重，长焦镜头则可以很好地捕捉新人们甜蜜的时刻（图6-2-13和图6-2-14）。

图6-2-13　迎接宾客

图6-2-14　大场面拍摄

当婚礼现场光线变得比较混乱时，这对摄影师拍摄的水平是个考验。由于现场光线变幻不定，这时，摄影师可对照相机做一些调整，如调整为速度优先模式、平均测光模式、自动白平衡、自动感光度等，如果需要文件可选择JPEG+RAW存储。这样做可在保证照片曝光准确、清晰的前提下快速抓拍到瞬间生动的影像，也可为后期处理提供便利（图6-2-15）。

图6-2-15　生动瞬间的抓拍

婚礼现场一些有趣的画面也可纳入拍摄范围（图6-2-16）。

图6-2-16　捕捉有趣画面

根据现场情况，利用间歇捕捉新娘的精彩画面（图6-2-17）。

图6-2-17　新娘的精彩画面

喜宴旨在答谢亲友们的祝福。拍摄时应选好角度，注意新人的表情（图6-2-18）。

图6-2-18　新人敬酒

最后，注意拍一幅爱意浓浓的合影为这场婚礼画上完美的句点（图6-2-19和图6-2-20）。

图6-2-19　新人合影

图6-2-20　婚礼现场合影

以上只是婚庆摄影流程中几个重要节点的拍摄介绍，在具体拍摄中，还有很多场景都是需要记录的。摄影师要随时捕捉现场生动的画面，从不同的角度去拍摄具有代表性的场景，防止漏拍。

三、任务检查

任务检查如表6-2-2所示。

表6-2-2　婚庆摄影任务考核指标

任务名称	序号	任务内容	任务要求	任务标准	分值/分	得分
婚庆摄影	1	婚庆摄影相关器材的准备工作	完成对婚庆摄影相关器材的准备工作的了解	（1）拍摄前的准备工作，列出设备使用清单。（2）拍摄前熟悉婚庆摄影的相关器材并充分准备	10	
	2	婚庆摄影技巧、方法和流程	完成对婚庆摄影拍摄方法、技巧的熟练运用；并熟悉拍摄流程	（1）依据模拟环境，选择相应设备及设定照相机参数。（2）根据不同场景，熟练掌握婚庆摄影的拍摄方法和流程	20	
	3	作品拍摄	完成模拟婚庆摄影的拍摄（或制订详细拍摄计划）	团队协作，能顺利完成模拟婚庆摄影的拍摄任务（或制订详尽、周密的拍摄计划）	50	
	4	作业完成情况	按照任务描述提交相关模拟实践作品（或制订拍摄计划）	按时上交符合要求的模拟拍摄实践作品（或制订详尽、周密的拍摄计划）。拍摄系列作品完整、详尽、抓拍时机得当	15	
	5	工作效率及职业操守	——	时间观念、团队合作意识、学习的主动性及操作效率	5	

四、相关知识点准备

（一）婚庆摄影技巧

1. 做好充分的准备

婚礼跟拍的难度较大，一定要做好充分的准备。由于婚礼的流程复杂，摄影师要在事前与新娘新郎做好充分的沟通，了解新人的家庭情况，熟悉家庭主要成员及特点，掌握举行婚礼的时间、地点及婚礼的流程，尤其是新人家族中的一些习俗或宗教仪式，做到心中有数。

另外，有条件可提前熟悉婚礼举行的场地，物色最佳拍摄地点；根据婚礼流程设计必拍照片，例如，新娘在镜子前面化妆、新娘的全身照和半身照、新娘与父母合影、新人与所有亲友合影等。在可以预料的时刻等待、抓取真情一刻，这样才不会漏拍重要镜头。

4. 拍摄完成，仔细收拾摄影器材

事后一定要将拍摄的影像资料备份一下，要养成这种良好的习惯，否则，万一出点问题后果将很严重。

2. 光圈和快门速度的选择

光圈和快门的设定取决于当时条件和要拍摄的效果。

如果拍摄对象相对静止，曝光模式可多用光圈优先，这样只要注意控制景深即可。由前面的知识点可知，影响景深的要素主要有三个，光圈就是其中之一。用大光圈可突出主体，虚化背景；用小光圈可拍摄大场面，以保证足够大的景深效果。如要拍摄一张合影，并且人物前后有距离，就需要用很小的光圈来保证有足够的景深使每个人都保持清晰；如要拍摄一张背景柔和、浪漫的照片，则需要用大的光圈，如此才能拍出圣洁、浪漫的感觉。

如果拍摄对象处在运动之中，速度优先曝光模式是一个不错的选择（一般运动场景可放在1/250 sec，如照相机有自动ISO，配合使用效果更好），这样可以保证运动对象有清晰的画面。毕竟婚庆摄影照片的清晰度是第一位的。

3. 闪光灯的使用

虽然拍摄时用闪光灯可能有负面影响，但有时候必须这样做，关键是学会找到闪光灯和现场光线的平衡。另外，室内婚庆摄影会受到不同色温光源的影响，为了保证准确的色调，必要的时候需要利用闪光灯来营造气氛。

在室内使用闪光灯时，通过反光板或天花板来反射光线，可获得较为柔和和更为漂亮的照明效果。如果使用天花板进行反射，并且天花板有色，可能会导致拍摄作品出现色偏。现代的TTL闪光灯测光可确保对象曝光正确。闪光也可捕捉到快速移动的对象，使之清晰。

4. 感光度的设定

在整个婚庆仪式和接待亲友的过程中会遇到不同的光线条件，光线充足的场景下使用低ISO可以拍出更细腻的照片，如果环境比较暗就需要高ISO，但这样会增加画面的噪点。有的场景在拍摄时只能牺牲画面噪点而保证照片的清晰度。毕竟清晰度是衡量照片的重要因素。

5. 白平衡的设定

白平衡需要根据现场情况设定，最好是通过试拍来确定，婚礼场合可将暖色突出一点，以呼应喜庆气氛。锐利度、饱和度、色相都可相应提高，但不能太过。

6. 合理利用测光模式

因为婚庆摄影的特殊性，时间紧迫，场面多以抓拍为主。所以，在婚庆摄影中一般用平均测光和中央重点测光比较多，并且需要依靠经验，根据现场的情况调整曝光补偿。

7. 区域对焦模式

对焦模式可选择动态区域自动对焦模式，这样在抓拍的时候非常便利。

8. 抓拍瞬间

摄影师要有一定的预见能力，除要熟悉婚礼的流程外，还要随时做好准备，抓拍下一个有意义的瞬间。婚礼对于新人的亲朋来说是具有特殊意义的一天，现场会出现一些很有意思的瞬间，这就要求摄影师有足够敏锐的反应力，随时捕捉到动人的婚礼场景。在千变万化的婚礼过程中，许多景象都是瞬间发生的，摄影师没有重拍的机会，每一张照片都必须成功，否则对摄影师和新人来说都将是终生的遗憾。所以，婚庆摄影既要求摄影师有高超的摄影技术和丰富的摄影实践，还要有人像摄影经验，并具有像新闻记者那样把握决定性瞬间的能力。同时，摄影师要将婚礼当作自己的创作来拍，这样才能真正看到新人发自内心的快乐。应以独特的手法，记录被摄者生命中重要的转折，使之成为永恒。婚礼过程就是新人之间的交流过程、新人和父母之间的感情交流过程、新人和现场嘉宾的交流过程。婚礼摄影师的职责，就是要捕捉这些感人的、真情流露的瞬间，并将这些瞬间变为永恒。

9. 注意细节的表现

细节的表现最重要的就是准确曝光。必要的时候就要有一定的取舍。将背景虚化，突出主体是一个抓拍细节的好方法。

10. 多尝试一些特别的构图和角度

一成不变会让人觉得厌倦，对于婚礼来说尤其如此。多尝试一些特别的拍摄方法会让客户和你从中获得更多的乐趣。

11. 巧用逆光

顺光拍摄能获得清晰的图片，但是逆光拍摄出来的照片能给人意想不到的感觉。一张好照片不仅要描写出人物的面部表情，还要表达一定的意境。

12. 保管好所带器材

将器材放在安全的地方，以免碰落损坏；器材不要遗漏、沾染油污。拍摄合影或大场面，最好用三脚架。拍摄内容既要表现出喜庆、风趣、热闹的气氛，同时要做到健康文明。拍摄时，摄影师要注意与他人的合作，创造良好的拍摄氛围。另外，摄影师还应做到衣着得体。

（二）婚庆摄影中必拍的三十个节点及拍摄要点

（1）清晨，新娘化妆。新婚这一天，新娘要早早地起床，一番梳妆打扮后，等待新郎的到来。在这期间，摄影师可拍摄新娘的婚鞋、捧花、放在桌上的头饰和头纱等烘托气氛；也可拍摄化好妆的新娘单人全身、半身、特写照、与父母的合影等。

（2）新郎上门接亲。新郎接亲时，要经受新娘朋友的刁难，通常要派发红包才能过伴娘这一关。

（3）新郎找婚鞋。新娘的婚鞋被藏在闺房的某个角落里，新郎在见到新娘的第一时间需要找到新娘的婚鞋。

（4）新郎给新娘穿鞋。给新娘穿鞋是传统婚俗，寓意不要把娘家的喜气、福气、财气带走。

（5）新娘进婚车。新娘走出娘家门后，通常会由新郎抱进婚车。坐在婚车里，距离结婚仪式更近一步，新人的心情会更加激动。

（6）接亲车队。用鲜花和彩纱装饰漂亮的婚车，承载着新人到达婚礼会场。途经的路线将成为记忆的标志。

（7）新人到达婚礼现场后携手入场。此时，新郎新娘手牵手，一起走过红地毯，两侧是送出祝福的来宾们。

（8）证婚仪式。仪式开始后，证婚人为新人证婚，新郎新娘在神圣的气氛和来宾们的注视下，伴随着音乐的节奏完成浪漫的仪式。

（9）宣读誓约书。新郎新娘在所有来宾的见证下，宣读彼此的誓言。

（10）交换婚戒。交换戒指是彼此圈住对方，一起相守的约定。

（11）深情相拥。在仪式过后的拥抱中，两个人之间增添了一种亲密感。

（12）新人在祝福声中退场。结婚仪式结束后，新人手牵手走出仪式堂，来宾们在两侧撒花瓣为新人祝福。

（13）抛花球传递幸福。新娘在收获了幸福之后，通过传递手捧花的形式，将好运带给下一个幸福的女孩子。

（14）倒香槟塔。新郎左手托着瓶颈，右手托着瓶底，新娘右手托着新郎左手，左手轻托新郎右手，以不紧不慢的速度向杯中缓缓倒入香槟。

（15）点蜡烛。点蜡烛时，新郎要考虑新娘手臂的长度以决定站位。新郎可以将一只手放于新娘的腰上，通过手指的暗示来调节彼此离桌子的距离。

（16）切蛋糕。切蛋糕仪式有着祈福和祝愿的象征。新郎新娘在来宾的注目下，共同切开蛋糕，以表示幸福温馨的爱情生活已经开始。

（17）许愿情景。新人点燃烛光后，面对烛光许下愿望，憧憬着以后的幸福生活。

（18）入场式。换装入场后，仪式之后的入场形式会比较特别，不同的婚礼主题有不同的入场式。

（19）婚礼会场整体效果。会场的整体效果最能够表现婚礼的主题，其中包括背景布置、会场的所有装饰等。

（20）幸福之路两侧的路引。地毯两侧的路引装饰，既美观又可以分割区域，为新人专属的通道留出了足够空间。

（21）装饰用花。婚宴中的装饰用花，能够体现婚宴的精致度。

（22）欢迎牌。作为婚礼的一部分，欢迎牌既可以指引来宾，又能体现出婚礼主题。

（23）喜糖。喜糖是给来宾的一种回礼，既可表达对来宾的谢礼，也能体现婚礼主题。

（24）婚礼戒枕。婚礼戒枕是新人婚介的承载体，能够体现出婚礼的细节美。

（25）新娘穿婚纱礼服的照片。新娘是婚礼的主角之一，拍摄新娘的个人照片，能够完美记录新娘当天的状态。

（26）新娘凝望的眼神。掀开头纱后娇羞的笑脸，最能代表待嫁新娘的心情。此时，新娘憧憬、期待的表情流露无遗。

（27）两个戴着戒指的手。新郎、新娘手戴婚戒，向所有来宾展示他们的爱情，也预示着两个人幸福生活的开启。

（28）牵着的两只手。新郎、新娘的手，坚定地握着，传达着彼此将携手共度的决心。

（29）感恩时含泪的脸。婚礼上除新人们的欢笑外，也会有感恩的眼泪。感恩时含着泪的脸上，也会洋溢一种幸福。

（30）两个人自然的微笑。在婚礼的整个过程中，新人都会处在既紧张又兴奋的状态下，而自然的微笑是两个人内心最幸福的表达。

五、练习题

1. 熟悉婚庆摄影相关器材的准备方法和注意事项。

2. 简述婚庆摄影的拍摄流程并分组模拟跟拍（或写出详细的拍摄计划）。

任务三　创建自己的摄影工作室

本任务主要让学生了解摄影工作室的创建过程。通过完成任务，制订详细的摄影工作室建立计划，熟悉摄影工作室的场地布置、设备基本配置，掌握摄影工作室的器材配备及使用方法，为今后自主创业打好基础。

一、任务描述

任务描述如表6-3-1所示。

表6-3-1　任务描述表

任务名称	创建自己的摄影工作室
一、任务目标	
1. 知识目标 （1）了解当地商业摄影现状、知道创建摄影工作室的过程。 （2）熟悉摄影工作室中器材的主要性能和特点。 2. 能力目标 （1）能根据自身情况制订摄影工作室建立的方案计划。 （2）能掌握摄影工作室的器材配备要求。 （3）能基本掌握摄影工作室器材的使用方法。 3. 素质目标 （1）培养综合分析、判断、企划运营的能力。 （2）培养勤于思考、探究的能力。 （2）培养学习新知识与技能的能力	
二、任务内容	
（1）根据自身情况制订建立摄影工作室的方案，写出有针对性的详细计划书。 （2）熟悉摄影工作室中各种器材的性能和使用方法	
三、任务成果	
对摄影行业有较深入的了解，熟悉摄影工作室器材的性能和使用方法，分小组设计制定建立摄影工作室的详细方案。	
四、任务资源	
教学条件	（1）硬件条件：照相机及配件、影棚所有相关设施和设备、多媒体演示设备等。 （2）软件条件：多媒体教学系统
教学资源	多媒体课件、教材、网络资源等
五、教学方法	
教法：任务驱动法、小组讨论法、案例教学法、讲授法、演示法。 学法：自主学习、小组讨论、查阅资料	

二、任务实施

建立一个摄影工作室要考虑的因素有很多，如选址定位、场地布置、器材选择、人员配备等。下面就结合实际情况来制订一个建立摄影工作室的方案。

1. 工作室的选址定位

首先要确定经营范围和项目，然后根据服务项目寻找潜在的顾客圈。若以儿童摄影为重点，那么，可以选择居民比较集中的地点；若以个人写真为重点项目，可以选择年轻人比较集中的区域、商业区和大学

等；若以拍摄产品照为主要业务，可以选择工厂比较集中的地方。

2. 工作室的场地布置

在做好工作室选址之后，就要对工作室的场地进行规划。一般来说，摄影工作室需要划分出以下几个区域：摄影区、接待区、服装区、工作区、化妆区。在资金充足、场地允许的情况下，还可做一些风格不同的实景拍摄区。

（1）摄影区。摄影区一般4~6 m宽，6~10 m长，层高最好在4 m左右，否则灯光位置不好调整。但是，很多工作室是在住宅内，3 m的层高就会限制

灯光的布置。摄影区的选择应根据自身需要和场地实际情况来决定。一般情况下，应选择相对封闭的区域作为摄影区。如果此区域有室外光线进入，需要用遮光帘进行遮挡，以避免光线相互干扰。此区域需要布置一些灯光、背景幕布等。

（2）接待区。接待区是工作室形象与实力展示的重要阵地，一般在工作室入口处，并且要大一些，装修风格要能体现工作室的特色。在此区域工作室的标志一定要显著。另外，还需将工作室具有代表性的作品展示出来。可以用照片墙的形式，也可用多媒体的形式。总之一点，要让顾客一进来就要决定在该工作室拍摄。

（3）服装区。服装区一般在10～15 m²就足够了。此区间除安置衣柜摆放衣服外，还需要隔离出相对封闭的换衣间。服装的数量可根据资金情况确定，可多可少，但在资金流转充分的情况下，要定期更新服装以吸引顾客。

（4）化妆区。化妆区一般是和服装区合并在一起的。在服装区，挑选一个光线充足的区域摆放化妆台。化妆品的配备要选择性价比高、质量合格的产品。一次性化妆品是一种选择，但多数情况下，顾客会自带一些化妆品。

（5）工作区。工作区也是工作室形象与实力展示的一个重要窗口。工作区不单是照片后期处理的地方，也是工作人员与顾客进行深入交流的一个平台。因此，此区域的装修风格一定要独特，一定要突显工作室的风格与品位。另外，舒适的环境也能激发工作人员的创作灵感，使其能制作出令顾客满意的照片。

3. 工作室的设备

（1）照相机。照相机是工作器材选择的重中之重。一般根据自身的情况选择性价比高的照相机。全画幅的照相机当然最好，但如果资金紧张，非全画幅的照相机也可使用。对镜头的选择也是至关重要的。一般来说，大光圈、锐度高的镜头是我们选择的首要参考指标。各个焦段的镜头也需要配备。对于设备品牌型号来说，选择照相机经典厂商是明智的选择。另外，设备的投入是持续的，要考虑到它以后的兼容性与扩展性。总之，选择性价比高、可兼容、可扩展、适合自己需要的器材是关键。

（2）灯光设备。灯光器材对于影室摄影来说是非常重要的，有时灯光对摄影作品的影响比照相机还要大。一般来说，小型工作室用3～6个灯即可满足一般拍摄。要了解较为详细的灯光相关知识，可参阅本任务的知识点储备。

（3）背景。应配备数码主题喷绘背景一套，大概6～10副；纯色背景一套，大概4～6色就够了。电动背景架一副。

（4）电脑。电脑的配置要选择高档显卡和显示器，这对照片后期处理非常关键。另外，还要配备刻录机、音响、与照相机连接的辅助设备等。软件安装一般有读图软件、播放软件、Photoshop、Word等必备软件。

（5）打印机。作为摄影工作室，打印机是为了应急出片用的，可以对急件做快速打印（如证件照）。建议选用A3画幅、8色打印、颜料墨水不变色、能出到16寸相册的打印机。

（6）扫描仪。选用扫描精度高，正片、负片通用的扫描仪就可以了。

4. 工作室的人员配备

工作室应包括化妆师、造型师、摄影师、相片后期制作美工师。如果也做影视摄像的话还需要摄像师和影视后期合成师。以上列出的人员配备分工比较细致，在工作室规模比较大的情况下，可以考虑。对于顾客来说，肯定喜欢挑选实力雄厚的工作室来为自己服务。人员配备齐整，是工作室雄厚实力体现的一个重要方面。规模较小的工作室，可以只配备摄影师和化妆师，这种配备可以极大地节约人力成本。

摄影工作室效果图如图6-3-1～图6-3-3所示。

图6-3-1　摄影工作室效果图（一）

图6-3-2　摄影工作室效果图（二）

图6-3-3　摄影工作室效果图（三）

三、任务检查

任务检查如表6-3-2所示。

表6-3-2　创建自己的摄影工作室任务考核指标

任务名称	序号	任务内容	任务要求	任务标准	分值/分	得分
创建自己的摄影工作室	1	摄影工作室的创建方案	完成摄影工作室创建方案的制订和场地布置	（1）根据自身情况，制订详细的创建摄影工作室的策划方案，列出设备采购清单。 （2）依据要求，完成摄影工作室场地布置	65	
	2	摄影工作室各种器材的性能和使用方法	完成对摄影工作室设备性能和使用方法的了解	（1）能按要求，熟悉摄影工作室设备器材的性能。 （2）能按要求，掌握摄影工作室设备的使用方法	15	
	3	作业完成情况	按照任务描述提交创建摄影工作室的详细策划方案	按时上交符合要求的创建摄影工作室的详细策划方案	15	
	4	工作效率及职业操守	—	时间观念、团队合作意识、学习的主动性及操作效率	5	

四、相关知识点准备

（一）摄影行业状况简单分析

目前，摄影行业主要有两类竞争对象，一类是影楼；另一类是摄影工作室。以兰州市场为例，影楼有30多家，成规模的摄影工作室有100多家，影楼占4成，工作室占6成。因为这个市场的利润比较高，导致竞争非常激烈。

一般地，影楼定位专一，主要是为个人消费者拍摄婚纱照，连锁经营，资金雄厚，客源一般是顾客到店面直接洽谈或公司做媒体广告宣传吸引客户。受传统观念的影响，影楼会在很长一段时间内存在，并且是婚纱摄影的主要力量，但它的运营成本过高，其竞争也会越来越激烈。摄影工作室的业务比较宽泛和灵活，既可为个人顾客拍写真，也可为公司客户拍商业广告等，其场地小、资金投入少，客源主要来自网络宣传和朋友介绍，运营成本低。

面对激烈的市场竞争，若要开设摄影工作室，初次创业者前期应该在地理位置的选择、目标客户群的建立、场地设备的准备上定位准确，找到自己的长处和优势，做专做精，强调个性化服务，以质量、技术、服务求生存。另外，良好的团队会让工作室如虎添翼。

（二）摄影棚灯光认识

前面已经讲过，摄影棚当中的灯光主要是人工光源，一般可将摄影棚灯光分为连续光灯和闪光灯两大类。因为闪光灯具有发光强度大、发光持续时间短、色温稳定的特点，所以，闪光灯是现代影棚摄影最方便、最适用、用得最多的一种照明工具（图6-3-4）。下面主要介绍影棚闪光灯及其他配件。

图6-3-4　常规影棚及闪光灯

1. 影棚闪光灯

比较标准的影棚一般至少配置3～6盏灯，每盏灯的功率最好相同，以方便输出控制计算。这样的配置基本可满足大部分商业摄影项目了。

目前，影棚用得最多的就是大功率影室闪光灯，100～5 000 W都有，标准的影棚都配备总量为2 500 W左右的闪光灯（3～6盏）。专业闪光灯色温稳定，高质量的灯可以长期稳定地维持在5 500 K左右，配合较小的感光度值可完美再现被摄物的色彩，而且光量大，拍摄时可以选用小光圈，这有利于商业摄影需要的大景深操作。

图6-3-5是一个标准的影棚闪光灯外观图，中间圆形玻璃物体为闪光灯泡，白色长条为150 W造型灯（内部双钨丝），造型灯用于模拟闪光的效果和对焦。此双灯泡是整个闪光灯最脆弱的地方，安装配件时要尤其注意，不要将其碰坏。

图6-3-5　影棚闪光灯外观

图6-3-6所示为尾部开关图，通过不同的按键和旋钮可对影室闪光灯进行详细的调节。一般使用时可打开全部开关，等熟悉以后就可以灵活调节使用了。

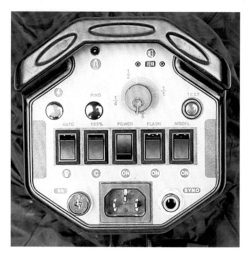

图6-3-6　影棚闪光灯尾部开关图

另外，还有两个机械螺旋用于调节闪光灯的仰角和转动，有一个必须注意的事项就是当调节一个灯的角度和高度时，另一只手必须托住灯体，有效地承托闪灯的重量，防止闪光灯摔落。当大范围地移动或升高降低闪光灯时，最好关闭电源，防止触电或损坏闪光灯。

2. 灯光配件

配件的用途是用于改变光性，例如，将光线从软变硬，色温从高到低等。常用的灯光配件有以下几种。

（1）标准反光罩。标准反光罩通过卡口旋进闪卡口，安装时注意勿碰撞闪灯环泡和造型灯。安装标准反光罩后的光比较集中，照射范围小，光性硬，会出现深色硬边阴影（图6-3-7）。

图6-3-7　标准反光罩

（2）挡光板。挡光板安装在标准反光罩上，运用可调节的挡光板可以更好地改变光线的性状（图6-3-8）。

图6-3-8　挡光板

（3）蜂巢。蜂巢是用于管束光线的，蜂巢状铁板会让光线更硬，减少散射光，加强方向性，使影像出现更深的阴影（图6-3-9）。

图6-3-9　蜂巢

（4）滤色片。滤色片可改变光线的色温，安装在挡光板的卡槽里，可以选用红、蓝、黄等颜色，另有柔光效果的滤光片，可以将光线硬度变软。

黄色滤色片及加用黄色滤色片的效果如图6-3-10和图6-3-11所示。

图6-3-10　黄色滤色片

图6-3-11　加用黄色滤色片的效果

蓝色滤色片及加用蓝色滤色片的效果如图6-3-12和图6-3-13所示。

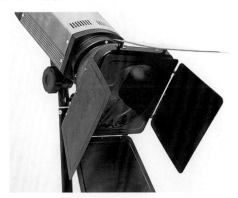

图6-3-12　蓝色滤色片

图6-3-13　加用蓝色滤色片的效果

（5）束光罩。束光罩又称猪嘴形反光罩，可产生小范围最硬的光（图6-3-14）。

图6-3-14　束光罩

以上配件都是让光硬起来的配件，也可以改变色温，标准反光罩制造的是中硬光，加上柔光片为弱硬光，加上蜂巢或束光罩为最硬光。

（6）柔光箱。柔光箱由轻型金属支架支撑，外部蒙反光布和柔光布（图6-3-15）。它通过卡口或曲面螺丝固定在闪光灯前面，安装时注意不能碰撞闪光环管和造型灯。

图6-3-15　柔光箱

柔光箱有各种形状。顾名思义，它能使光线变柔和，产生软硬适度的阴影。它几乎是最常用的配件。柔光箱不是越大越好，太大了，中央和边缘的光强度差异会很大。可以在中间多加一层柔光布增强柔光效果。

（7）柔光布或柔光纸。如果觉得光线还不够柔，那么在柔光箱前面增加一个更大面积的柔光布或硫酸纸，光线将会变得极度柔和。这个配件也可以用于高反光物体的塑形，当然这需要自己动手制作。

（8）反光板。反光板可以用于补光，改变反差，有金色、银色、白色、黑色等多种，也可以自己动手制作（图6-3-16）。黑色的反光板就是吸光板，用于增加反差。

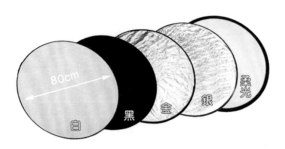

图6-3-16　反光板

（9）雷达反光罩。雷达反光罩其实属于广角反光

罩，光质中性偏硬，可以作为平光使用，前面加上柔光布光质会变为中性偏软（图6-3-17）。现在，很多影棚用它来打眼神光，其比方型柔光箱的眼神光更加自然。

图6-3-17　雷达反光罩

利用上述附件，可以改变光质，光质从柔到硬的变化规律为：柔光箱+漫射屏→柔光箱→雷达反射罩+柔光布→雷达反射罩→标准反光罩+漫射屏→标准反光罩→反光罩+挡光板→反光罩+挡光板+蜂巢→反光罩+束光罩。

（三）摄影棚其他设备

1. 背景布

在摄影棚中，还有一个比较重要的东西就是各种颜色的无缝背景布，摄影棚一般使用纯色或渐变的背景布，而艺术摄影则根据流行趋势选用各种花哨的主题背景布来营造丰富多彩的流行气氛。

背景布一般用背景绞架转轴固定在墙上或天花板上，通过拉索来收放使用。如果拍摄半身人像，那么背景布放一半下来就够了，如果需要拍全身人像，那么，背景布可以一直延长到地上。背景布有多种颜色，如红、蓝、黄、绿、粉、紫、黑、灰、白等，可以根据需要选用（图6-3-18）。

图6-3-18　背景布

2. 静物拍摄台

任何一个可支撑被摄物的东西都可以作为拍摄台。专业的静物拍摄台类似一张被放大的椅子，上面放一张半透明的弧形塑料基板，可以通过底部、后背打光（图6-3-19）。

图6-3-19　静物拍摄台

3. 夹子

可以使用夹子夹住挡光板、反光板、柔光纸等（图6-3-20）。

图6-3-20　夹子

4. 造型风扇

造型风扇用于产生风的效果，如表达模特飘动的美发或者长裙（图6-3-21）。

图6-3-21　造型风扇

5. 测光表

众所周知，在摄影棚中如果使用闪光灯拍摄，照相机的内测光系统是不起作用的，必须用外置测光表测光（图6-3-22）。在影棚摄影中，在感光度和快门速度已知的情况下，主要用测光表来测曝光量，以使照相机获得最佳曝光的光圈值。测光表的使用方法，请参阅使用说明书或其他教程。

图6-3-22　测光表

五、练习题

1. 根据各自不同情况，制订一套建立摄影工作室的详细方案。

2. 分组练习摄影工作室设备的使用方法。

新闻摄影作品
欣赏

婚庆摄影作品
欣赏

项目七

图片后期处理

本任务主要让学生了解图像处理软件Photoshop的基本功能。通过完成任务，学生应对Photoshop有全面的认识，尤其是针对处理摄影作品的相关功能要比较熟悉，为后期熟练处理图片打好基础。

一、任务描述

任务描述如表7-1-1所示。

表7-1-1　任务描述表

任务名称	Photoshop简介
一、任务目标	
1．知识目标 （1）了解Photoshop的基本功能。 （2）掌握Photoshop中与处理摄影作品相关的主要菜单、工具和命令。 2．能力目标 （1）能较熟悉地操作Photoshop。 （2）能熟练操作Photoshop中相关处理摄影作品的主要菜单、命令和工具。 （3）结合处理自己拍摄的作品，熟悉相关菜单、命令和工具。 3．素质目标 （1）培养勤于思考、探究的能力，学会举一反三。 （2）培养学习新知识与技能的能力。 （3）培养合理运用Photoshop处理图片的能力	

任务名称	Photoshop简介

二、任务内容

（1）了解Photoshop。

（2）熟悉Photoshop界面。

（3）掌握Photoshop中处理摄影作品的主要相关菜单、工具和命令

三、任务成果

结合自己拍摄的摄影作品，了解、熟悉Photoshop的基本功能和处理摄影作品的主要相关菜单、命令和工具，为后期处理图片打好基础

四、任务资源

教学条件	（1）硬件条件：图像处理专业机房、多媒体演示设备。 （2）软件条件：图像处理软件、多媒体教学系统
教学资源	多媒体课件、教材、图片文件、网络资源等

五、教学方法

教法：任务驱动法、小组讨论法、案例教学法、讲授法、演示法。

学法：自主学习、小组讨论、查阅资料

二、任务实施

1. 了解Photoshop

Photoshop是平面图像处理业界霸主Adobe公司开发的一个跨平台的大型平面图像处理软件，也是当今世界上最为流行的图像处理软件。它集图像制作、扫描输入、修改合成、特效处理，以及高品质分色输出等功能于一体，功能强大，操作界面友好，得到了广大第三方开发厂家的支持，也赢得了众多用户的青睐。

Photoshop支持众多的图像格式，对图像的常见操作和变换做到了非常精细的程度，其精细程度超越了任何一款同类软件。它拥有异常丰富的插件，熟练后可让使用者体会到Photoshop软件功能的强大。

随着数码摄影的发展，Photoshop以其优异的图像处理能力成为现今被人使用最多的数码图像处理软件之一。

2. Photoshop的界面

（1）启动Photoshop。Photoshop版本更新速度较快，下面以Photoshop CS5为例来重点介绍。其启动方法一般有两种：一种是双击桌面Photoshop CS5图标进入；另一种是执行"开始"→"程序"→"Photoshop CS5"进入。

（2）Photoshop CS5工作界面。Photoshop CS5工作界面比较简洁。主要由标题栏、菜单栏、工具选项栏（或工具属性栏）、工具箱、文档窗口、浮动面板等组成（图7-1-1）。

1）标题栏——显示软件的名称、选择工作区、最小化、最大化、关闭等按钮。

2）菜单栏——提供了Photoshop CS5的所有菜单，包括文件、编辑、图像、图层、选择、滤镜、分析、3D、视图、窗口、帮助11个菜单。

3）工具选项栏——用户在工具箱选择某个工具后，就会在Photoshop的工具选项栏中出现该工具的相关选项，在选项栏中可以对相应的工具进行参数设置。

4）工具箱——为Photoshop CS5提供了强大的操作工具，包括选区工具、绘图工具、填充工具、视图工具等。

5）文档窗口——打开图像后，图像就会在文档窗口中出现，Photoshop可同时打开多个图像进行编辑。

6）浮动面板——Photoshop为用户提供了多个浮动面板，可以完成图像的各种处理操作和参数设置，如显示信息、选择颜色、图层编辑、制作路径等操作，它是处理图像时的一个不可或缺的部分。如果有些面板没有显示，可从视图菜单中打开。

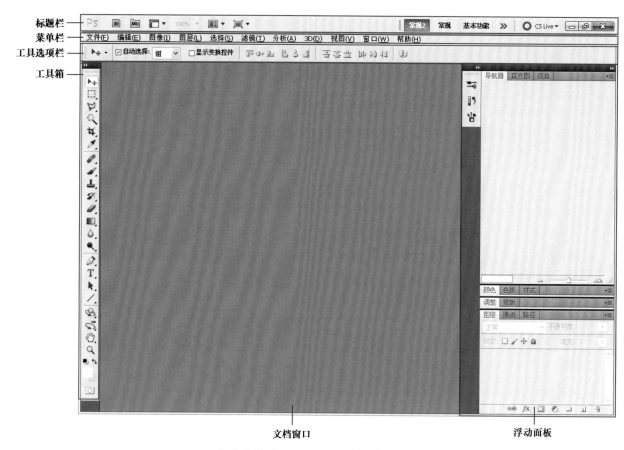

标题栏
菜单栏
工具选项栏
工具箱

文档窗口 　　　　　　　　　　　　　　　浮动面板

图7-1-1　Photoshop CS5的工作界面

3. Photoshop中处理摄影作品的主要相关菜单、工具和命令的简单介绍

Photoshop是一款功能强大的图像处理软件，但在实际处理摄影作品时只用了其中很小的一部分功能。处理影像时常用的菜单和工具如图7-1-2中的红框标识所示。下面简单介绍处理图片的常规操作。

（1）文档操作。

1）打开文档。执行"文件"→"打开"命令，弹出"打开"对话框，选择所需文件，单击"打开"按钮。

2）关闭文档窗口。执行"文件"→"关闭"命令（文档未保存会弹出对话框，按提示操作）。

3）保存处理后的照片。执行"文件"→"存储"或"存储为"命令，两者的主要区别是"存储"命令是保存已存在的、修改后的图像并覆盖修改前的效果；而"存储为"命令是将修改后的图像另存为一个新文档，原始文档保持不变。

（2）图片常规调整技术。

1）图片大小调整：可通过执行"图像大小"命令调整图片的大小（包括更改像素大小、文档大小、分辨率等）。

执行"图像"→"图像大小"命令，弹出"图像大小"对话框，具体设置后单击"确定"按钮。

2）方位调整：方位调整可纠正颠倒或横向放置的图片。

执行"图像"→"旋转画布"命令选择一种旋转方式，执行图像旋转。

3）色阶调整：色阶调整可调整整个影像或某一局部的暗调、中间调、高光等强度等级，校正影像色调范围和色彩平衡。

执行"图像"→"调整"→"色阶"命令，弹出"色阶"对话框，通过拖动"直方图"下面的黑、白、灰三个滑块，就可以对图像的色阶进行随意调整。

4）亮度/对比度调整：可对整个图像或图像某一局部进行亮度和反差的调整，以获得所需亮度和反差的效果。

执行"图像"→"调整"→"亮度/对比度"命令，弹出"亮度/对比度"对话框进行调整。

5）曲线调整：曲线用于对0～255级的色调范围任意点进行调整，同时，还能对图像中的RGB颜色通道进行精确调整以改变画面的色调。

图7-1-2　Photoshop界面中和处理摄影作品相关的主要菜单、工具和命令

执行"图像"→"调整"→"曲线"命令，弹出"曲线"对话框，简单调整如下：

①色调偏暗：将曲线向直方图的左上方位置调整，色调会变亮。

②反差过小：将曲线调整成"S"形，会提高图像对比度。

③色调过浅：将曲线向直方图的右下方位置调整，色调会变暗。

6）色彩平衡调整：通过调整来改变图像整体颜色混合效果。

执行"图像"→"调整"→"色彩平衡"命令，弹出"色彩平衡"对话框进行调整。

7）色相/饱和度调整：可对整个图像或图像某一局部进行色彩亮度和饱和度的调整，去除不需要的色彩，校正偏色，正负像反转等，以获得所需要的色彩效果。

执行"图像"→"调整"→"色相/饱和度"命令，弹出"色相/饱和度"对话框进行调整。

8）黑白调整：可将整个图像或图像某一局部的色彩变为黑白效果，还可根据不同的色彩进行有针对性

的黑白详细调整。这个命令重点是将彩色图片改变为黑白照片，可对画面中的不同色彩的明度值进行改变，效果非常好。

执行"图像"→"调整"→"黑白"命令，弹出"黑白"对话框进行设置。

9）照片滤镜调整：简单来说，就是对图像的色调进行调整，类似传统摄影中在镜头前加各种滤镜拍摄的效果，也是针对摄影作品而设计出的命令。

执行"图像"→"调整"→"照片滤镜"命令，弹出"照片滤镜"对话框进行设置。

10）阴影/高光调整：针对摄影作品中曝光宽容度低的问题，这个命令可详细地对图片中的阴影和高光分别调整，较为快速和直观地改善图片的对比效果。

执行"图像"→"调整"→"阴影/高光"命令，弹出"阴影/高光"对话框进行设置。

11）HDR色调调整：这个命令也是针对摄影作品中曝光宽容度低的问题而设计的，可以更专业地调整画面的宽容度，如果调整适当，可以获得一般照相机拍摄不出的、曝光宽容度非常高的照片，效果非常理想。

执行"图像"→"调整"→"HDR色调"命令，弹出"HDR色调"对话框进行设置。

（3）Photoshop滤镜的应用。Photoshop CS5的滤镜菜单中设有各种特殊效果。在摄影图片的一般处理中，用得最多的为模糊和锐化两种。另外，为了做一些变形的效果，液化滤镜是不错的选择。

1）模糊滤镜：主要作用是降低图像相邻像素之间的对比度，起到柔化图像的效果。

①动感模糊滤镜：能在某个方向对图像的像素做线性移位，使被处理的图像产生沿某一方向运动的模糊效果（有角度、距离选项）。

执行"滤镜"→"模糊"→"动感模糊"命令，弹出"动感模糊"对话框进行设置。

②径向模糊滤镜：能使图像产生一种旋转或放射的模糊效果（有旋转、缩放选项）。

执行"滤镜"→"模糊"→"径向模糊"命令，弹出"径向模糊"对话框进行设置。

③特殊模糊滤镜：能产生一种边缘清晰的模糊效果（有半径、阈值选项）。

执行"滤镜"→"模糊"→"特殊模糊"命令，弹出"特殊模糊"对话框进行设置。

④进一步模糊滤镜：能大幅度地对图像边缘进行模糊处理，是普通模糊滤镜的3~4倍。

执行"滤镜"→"模糊"→"进一步模糊"命令，弹出"进一步模糊"对话框进行设置。

⑤高斯模糊滤镜：利用高斯曲线的分布模式有选择地对图像进行模糊处理，是运用最多的一种模糊滤镜（有半径选项）。

执行"滤镜"→"模糊"→"高斯模糊"命令，弹出"高斯模糊"对话框进行设置。

⑥镜头模糊：在摄影照片后期处理中如运用得当，可获得使用大光圈或长焦镜头拍摄的使背景和前景模糊的浅景深效果，在摄影作品处理中是一个很常用的命令。

执行"滤镜"→"模糊"→"镜头模糊"命令，弹出"镜头模糊"对话框进行设置。如要模仿真实的浅景深效果，在执行这个滤镜之前需要详细做一个渐变蒙版。相关具体操作在本书后面的任务中会讲到。

2）锐化滤镜：能通过增强相邻像素之间的对比度使图像获得更清晰的效果。

①USM锐化：最常用和最重要的锐化滤镜之一。

执行"滤镜"→"锐化"→"USM锐化"命令，弹出"USM锐化"对话框（有数量、半径、阈值）进行设置。

②进一步锐化：较为强烈地提高相邻像素的对比度。

执行"滤镜"→"锐化"→"进一步锐化"命令，进行自动进一步锐化。

③锐化边缘：为了避免对低对比度的对象也一视同仁地锐化，这个命令只对图像边缘起锐化作用，因而在处理某些图片的时候就非常有用。

执行"滤镜"→"锐化"→"锐化边缘"命令，进行自动锐化边缘。

3）液化滤镜：可以对图像的任何区域进行各种各样的类似液化效果的变形，如旋转扭曲、收缩、膨胀等，变形程度可以随意控制。该滤镜在照片修饰时经常使用。

执行"滤镜"→"液化"命令，弹出"液化"对话框，对参数进行设置，用鼠标选择相关液化工具在图像中拖动操作。

三、任务检查

任务检查如表7-1-2所示。

表7-1-2 Photoshop简介任务考核指标

任务名称	序号	任务内容	任务要求	任务标准	分值/分	得分
Photoshop简介	1	Photoshop简介	了解Photoshop概况	对Photoshop有一个正确的认识和理解	10	
	2	Photoshop的界面	熟悉Photoshop的界面	熟悉Photoshop的界面，并能较熟练地操作	20	
	3	Photoshop中处理摄影作品的主要相关菜单、工具和命令	掌握Photoshop中处理摄影作品的主要相关菜单、工具和命令。完成相关作品的简单处理	能够对Photoshop中处理摄影作品的主要相关菜单、工具和命令进行较熟练的操作。能简单完成相关作品的处理	50	

任务名称	序号	任务内容	任务要求	任务标准	分值/分	得分
Photoshop 简介	4	作业完成情况	按照任务描述提交处理 后的摄影作品	按时上交符合要求的处理后 的作品	15	
	5	工作效率及职 业操守	—	时间观念、责任意识、学习 主动性及工作效率	5	

四、练习题

1. 熟悉Photoshop CS5的界面。
2. 通过处理自己拍摄的照片，简单熟悉Photoshop CS5处理图片的相关命令。

知识拓展（一）
PS CS5新增功能

任务二　图片影调、色调的调整

本任务主要让学生了解并掌握图片后期处理中影调、色调的调整方法。通过完成具体处理任务，理解摄影图片中影调和色调对画面主体表达的重要性，掌握调整图片影调和色调的一般方法和步骤。

一、任务描述

任务描述如表7-2-1所示。

表7-2-1　任务描述表

任务名称	图片影调、色调的调整
一、任务目标	
1. 知识目标 （1）了解摄影图片中影调和色调对画面的重要性。 （2）掌握Photoshop中的相关菜单、工具和命令。 　2. 能力目标 （1）熟悉并能操作Photoshop中对照片影调和色调调整的相关菜单、工具和命令。 （2）能够运用软件对摄影作品进行影调、色调的调整。 　3. 素质目标 （1）培养勤于思考、探究的能力，学会举一反三。 （2）培养学习新知识与技能的能力。 （3）培养合理运用Photoshop调色的能力	
二、任务内容	
（1）了解图片中影调和色调对画面的重要性。 （2）掌握Photoshop中对照片影调和色调调整的相关菜单命令。 （3）学会图片影调、色调调整的一般操作过程和方法	
三、任务成果	
了解摄影作品中影调和色调对画面影响的重要性。通过对摄影作品中影调和色调的处理，更好地反映出摄影作品的主题和意境	

续表

任务名称	图片影调、色调的调整
四、任务资源	
教学条件	（1）硬件条件：图像处理专业机房、多媒体演示设备。 （2）软件条件：Photoshop软件、多媒体教学系统
教学资源	多媒体课件、教材、网络资源等
五、教学方法	
教法：任务驱动法、小组讨论法、案例教学法、讲授法、演示法。 学法：自主学习、小组讨论、查阅资料	

二、任务实施

1. 摄影作品中的影调和色调

影调是摄影作品的造型手段和技术概念。不同的影调具有不同的感情色彩，与具体形象、物象相结合，可以赋予作品以鲜明、生动的感染力。摄影作品中的影调一般可分为高调、低调、中间调。高调给人以光明、纯洁、轻松、明快的感觉；低调表现的感情色彩比高调更强烈、深沉。通常采用侧光和逆光，就可以使物体和人像产生大面积的阴影及小面积的受光面，这样会产生明显的体积感、质量感等反差效应；中间色调画面层次丰富、细腻，它往往随着形象、动势、色彩、光线的不同而呈现出不同的感情色彩，一般为多光源综合配置。

色调是指摄影作品中画面色彩的基调。它由色彩的明暗和色相决定。在画面中起主要作用，或在量上占有相当比重的色彩称为主色调。根据色相不同，色彩有红、橙、黄、绿、青、蓝、紫之分。因饱和度的变化，每种色彩又会产生多种灰度不同的色彩，它们构成了摄影作品丰富的色调。摄影者往往根据拍摄的内容和要表现的主题来确定画面的基调，色彩在画面上的作用不仅是再现景物，更重要的是表现景物自身的特点和独特的魅力。

但是，在实际拍摄中，由于种种原因，画面的影调和色调往往不尽人意，不能很好地反映出拍摄者的创作意图。因此，通过Photoshop对作品进行影调和色调的处理，有时会使一张很平淡的照片焕发出迷人的光芒。

2. 调整、处理思路

摄影作品的影调灰暗、对比不明显，色调单一是一般照片中常出现的毛病。通过对照片的影调、色调进行处理，可以解决大多数灰调子照片反差弱的问题。色彩和色调是构成图像的主要元素，对照片色彩和色调进行调整，可以使拍摄时出现的偏色或色调问题得到有效纠正，使作品更加完美。在处理这类照片时，主要会用到Photoshop中"图像"菜单中"调整"子菜单命令和一些选取工具。其中很重要的命令主要有色阶、曲线、色相/饱和度、阴影/高光、黑白等。通过对这些命令的操作，就可以将照片中的影调和色调轻易调整过来，这对数码照片的色彩和色调调整很有帮助。

3. 处理步骤

处理前后的效果如图7-2-1和图7-2-2所示。

图7-2-1　处理前

图7-2-2　处理后

图片具体处理步骤如下：

（1）首先执行"文件"→"打开"命令，打开所要调整的图片。然后执行"图像"→"调整"→"色阶"命令，调整画面的影调反差（图7-2-3）。

图7-2-3　打开色阶命令

（2）在弹出的色阶对话框中，通过调节直方图下方的黑、灰、白三色滑块［或者直接在其对应的下方数值输入框中输入数值（68、0.9、230），参数根据不同图片适当设置，下同］，就可调节画面影调（图7-2-4）。

（3）执行"图像"→"调整"→"曲线"命令，调整画面的色调（图7-2-5）。

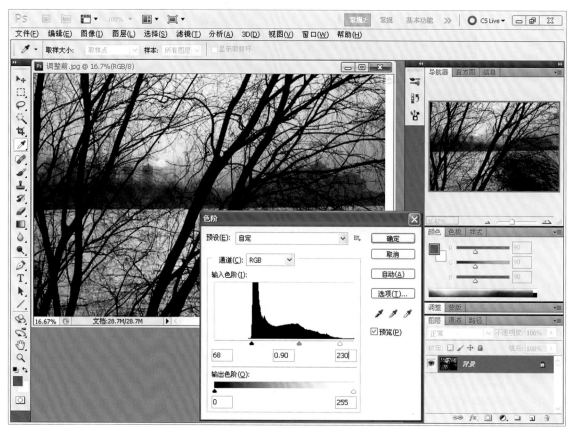

图7-2-4　调节画面影调

图7-2-5　打开曲线命令

（4）在弹出曲线对话框中，单击通道的下拉按钮，选择"红"通道。单击曲线，向左上方拖动，将输出值设置为215，输入值设置为165（图7-2-6）。

（5）单击通道的下拉按钮，选择"绿"通道。单击曲线上部，向右下方拖动，将输出值设置为190，输入值设置为220；再单击曲线下部，并将输出值设置为70，输入值设置为80（图7-2-7）。

图7-2-6 设置"红"通道

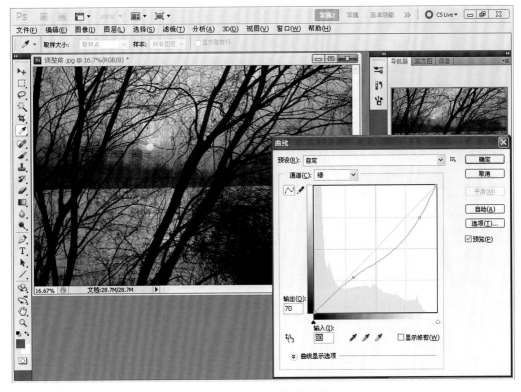

图7-2-7 设置"绿"通道

（6）单击通道的下拉按钮，选择"蓝"通道。单击曲线上部，向右下方拖动，将输出值设置为165，输入值设置为215；再单击曲线下部，并将输出值设置为65，输入值设置为90。完成设置后，单击"确定"按钮（图7-2-8）。

（7）执行"图像"→"调整"→"亮度/对比度"命令，调整画面的亮度。弹出"亮度/对比度"对话框后，单击亮度滑块向右拖动，数值调为30，单击对比度滑块向右拖动，数值调为10。完成设置后，单击"确定"按钮（图7-2-9）。

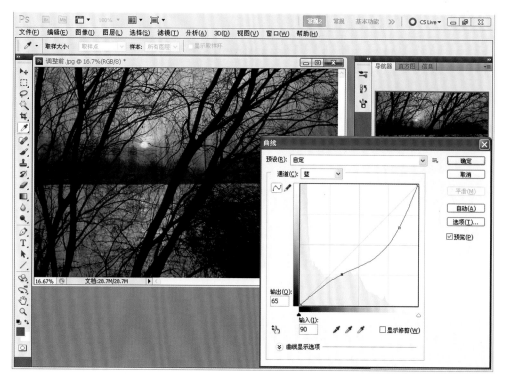

图7-2-8　设置"蓝"通道

图7-2-9　调整画面亮度

（8）执行"滤镜"→"锐化"→"USM锐化"命令，对画面进行适度的锐化。弹出USM锐化对话框后，分别设置参数为：数量50%，半径3像素，阈值0色阶。完成设置后，单击"确定"按钮（图7-2-10）。

（9）所有操作完成，执行"文件"→"存储为"命令，保存调整后的图片（图7-2-11）。

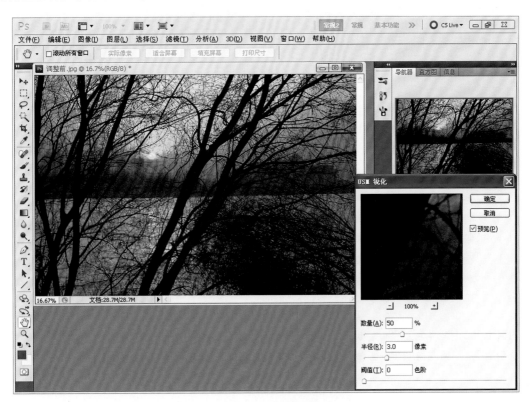

图7-2-10 锐化设置

图7-2-11 保存照片

三、任务检查

任务检查如表7-2-2所示。

表7-2-2　图片影调、色调的调整任务考核指标

任务名称	序号	任务内容	任务要求	任务标准	分值/分	得分
图片影调、色调的调整	1	摄影图片中影调和色调对画面的重要性	了解摄影图片中影调和色调对画面的重要性	正确认识摄影图片中影调和色调对画面的重要性，并能在实践中运用	10	
	2	Photoshop的相关菜单和命令	熟悉Photoshop的相关菜单和命令	熟练操作Photoshop的相关菜单和命令	20	
	3	操作步骤	掌握调整作品影调和色调的一般步骤并处理摄影作品	完成对摄影作品的影调和色调的操作。能独立完成相关作品的处理任务	50	
	4	作业完成情况	按照任务描述提交处理好的摄影作品	按时上交符合要求的处理后的作品	15	
	5	工作效率及职业操守	—	时间观念、责任意识、学习主动性及工作效率	5	

四、练习题

1. 掌握Photoshop中针对图像影调、色调调节的相关菜单命令。
2. 熟练掌握并能独立对图像的影调、色调做合理的调节处理。完成处理作品两幅。

知识拓展（二）
PS重要命令介绍

任务三　图片的修饰

本任务主要让学生了解图片处理中对摄影作品不足的地方进行适当修饰的方法，使作品更趋完美。通过完成任务，理解摄影作品修饰的基本原则，通过具体操作，完成对摄影作品的修饰和修复。

一、任务描述

任务描述如表7-3-1所示。

表7-3-1　任务描述表

任务名称	图片的修饰
一、任务目标	
1. 知识目标	
（1）了解摄影作品的修饰原则。	
（2）掌握Photoshop中的相关菜单、工具和命令。	
2. 能力目标	
（1）熟悉并能结合实例操作Photoshop中对图片修饰和修复的相关菜单、工具和命令。	
（2）能够运用软件对摄影作品进行适当的修饰和修复。	
3. 素质目标	
（1）培养勤于思考、探究的能力，学会举一反三。	
（2）培养学习新知识与技能的能力。	
（3）培养合理运用Photoshop对图像修饰的能力	

任务名称	图片的修饰
二、任务内容	
（1）了解摄影作品的修饰原则。 （2）掌握Photoshop中对图片修饰和修复的相关菜单、工具和命令。 （3）学会图片修饰和修复的一般操作过程和方法	
三、任务成果	
了解摄影作品的修饰原则。通过完成对摄影作品的修饰和修复处理任务，使摄影作品更趋完美	
四、任务资源	
教学条件	（1）硬件条件：图像处理专业机房、多媒体演示设备。 （2）软件条件：图像处理软件、多媒体教学系统
教学资源	多媒体课件、教材、网络资源等
五、教学方法	
教法：任务驱动法、小组讨论法、案例教学法、讲授法、演示法。 学法：自主学习、小组讨论、查阅资料	

二、任务实施

1. 摄影作品后期处理原则

摄影技术自诞生到现在不到两百年，但其发展异常迅速。由当初的银盐影像到现在的数码影像大行其道，其发展可谓翻天覆地，成为当今一种独立的艺术门类。数码摄影改变了传统的影像记录方式，使图像信息的存储、处理、传播变得更加快捷，摄影作品的处理也由原来复杂的暗房技术变为现在方便的电脑后期处理。

随着电脑图形图像处理技术的飞速发展，数码摄影作品在明室中就可完成后期制作，在电脑上可以轻而易举地实现传统暗房很难或无法制作的效果。但由于摄影作品使用目的不同，在处理照片时就要根据不同的情况具体对待。

摄影作品根据使用目的不同一般可分为纪实性摄影作品和艺术性摄影作品。

（1）纪实性摄影作品，如新闻摄影、纪实摄影等，它是讲述者，最重要的特征就是真实性（真实性、新闻性、时效性为新闻摄影的三大特征）。因此，新闻摄影必须实事求是，反映真人真事，不能捏造事实、弄虚作假，须现场拍摄。作为一个严谨的摄影工作者（新闻工作者），一定要肩负起社会责任，坚守自己的职业道德。对这类数码照片的处理应非常慎重，不可随便进行处理和修改，有时甚至严格禁止后期处理。

（2）艺术性摄影作品，如婚纱摄影、创意摄影等，它是表现者，虽然也应具备摄影再现真实的属性，但可以通过软件对照片中的瑕疵进行处理，使照片更加完美；或通过创意，运用软件的图像合成功能完成用照相机不可能拍摄出的效果，给人带来源于生活而高于生活的艺术享受，创作出更加完美、更加艺术、更加个性的作品来。

综上，纪实类摄影除非拍摄时出现严重失误，实在无法使用原片，在这种情况下可对其亮度、对比度进行有限的调整，除此之外，原则上杜绝数码后期处理。而艺术性摄影作品则一般都要进行后期处理。后期处理是艺术摄影的延续，是艺术创作的一部分，没有进行数码后期处理的艺术作品只能算没有完成的作品。本实训项目主要讲的就是对艺术性摄影作品的后期修饰处理。

2. 调整、处理思路

摄影作品在拍摄时由于各方面的原因，会出现各种不令人满意的地方。Photoshop为我们提供了后期修复功能，本实例主要对图片中人物面部的瑕疵进行修复，对图像的光比进行适当调整。操作中会用到软件中的修饰、修复、选择工具，还会用到调整图层对画面的亮度进行调整。

值得注意的是，这个实例基本上所有的修饰都是在调整图层、蒙版和新建图层上进行的，没有在图片上进行修饰，因此，保证了后期处理的可逆性。这种图片处理的思路是很合理和科学的。

3. 处理步骤

处理的前后效果如图7-3-1和图7-3-2所示。处理步骤如下：

图7-3-1 处理前

图7-3-2 处理后

（1）执行"文件"→"打开"命令，打开所要调整的图片。由于图片半边过暗，处理时须先将图片过暗的部分调亮，降低反差。用套索工具将暗部选出来，再对选区进行羽化。执行"选择"→"修改"→"羽化"命令，根据图片大小设置羽化半径，本例中羽化半径设置为50，设置后单击"确定"按钮（图7-3-3）。

图7-3-3 对选区进行羽化设置

（2）单击图层面板下方的"创建新的填充或调整图层"按钮，创建"纯色"颜色填充调整图层1。选择一种跟皮肤相近的颜色。本例选择为"R：190、G：170、B：160"，单击"确定"按钮（图7-3-4）。

（3）选中颜色填充调整图层1，在图层面板上方单击"设置图层的混合模式"下拉菜单，选择图层混合模式为"柔光"，暗部情况得到改善。再建两个相似的"纯色"颜色填充调整图层2、3，颜色分别为"R：210、G：190、B：180；R：220、G：200、B：180"。混合模式也都选择用"柔光"，根据图片情况调整图层的不透明度，使画面的皮肤效果更亮些（图7-3-5）。

（4）在图层面板上分别选择"纯色"颜色填充调整图层1、2、3的蒙版，选择画笔工具，前景色设为黑色，用黑色画笔在蒙版里将眼珠、鼻孔、阴影等这些地方擦出来，注意画笔的不透明度和软硬度，保持五官的明度层次（图7-3-6）。

（5）单击图层面板下方的"创建新图层"按钮，新建图层1。选择污点修复画笔工具、仿制图章工具等，仔细修饰人物面部瑕疵，这一步骤需要花点时间，并要有一定的耐心（图7-3-7）。

（6）在图层面板中，选中最顶端的图层，盖印图层（快捷键为Shift＋Ctrl＋Alt＋E，通俗地说，就是为下面的所有图层建立了一个单独的合成层）为图层2，执行"滤镜"→"模糊"→"表面模糊"命令，设置参数：半径为5、阈值为10（图7-3-8）。

（7）选中图层2，执行"图层"→"图层蒙版"→"隐藏全部"命令，为图层2添加黑色蒙版。选择前景色为白色，选择画笔工具，调整画笔不透明度和软硬度，在蒙版上用画笔慢慢擦拭右半边脸。其目的是将右边的脸模糊一下，注意不要涂到五官上（图7-3-9）。

（8）在图层面板中，选中最顶端的图层，盖印图层为图层3，执行"USM锐化"命令，设置参数：数量10、半径10。大半径，小数量，锐化轮廓。再次执行"USM锐化"命令，设置参数为：数量90、半径0.6。小半径，大数量，锐化细节（图7-3-10）。

（9）如果需要合并图像，执行"图层"→"合并图像"命令，合并图像。所有操作完成后，执行"文件"→"存储为"命令，重新命名，保存调整后的图片（图7-3-11）。

图7-3-4　创建"纯色"颜色填充调整图层1

图7-3-5　创建"纯色"颜色填充调整图层2、3

图7-3-6　使用画笔工具修饰图层蒙版

图7-3-7　修饰人物面部瑕疵

图7-3-8　对图层2进行表面模糊

图7-3-9　修饰图层2蒙版

图7-3-10　USM锐化

图7-3-11　保存图片

三、任务检查

任务检查如表7-3-2所示。

表7-3-2　图片的修饰任务考核指标

任务名称	序号	任务内容	任务要求	任务标准	分值/分	得分
图片的修饰	1	摄影作品的修饰原则	了解摄影作品的修饰原则	能正确理解摄影作品的修饰原则，并能在实践中遵循	10	
	2	Photoshop的相关菜单和命令	熟悉Photoshop的相关菜单和命令	熟练操作Photoshop的相关菜单、工具和命令	20	
	3	操作步骤	掌握作品修饰和修复的一般步骤，并完成相关作品处理	能独立完成对摄影作品修饰和修复的操作	50	
	4	作业完成情况	按照任务描述提交处理好的作品	按时上交符合要求的处理后的摄影作品	15	
	5	工作效率及职业操守	—	时间观念、责任意识、学习主动性及工作效率	5	

四、练习题

1. 掌握Photoshop中针对图像修饰和修复的相关菜单、工具和命令。

2. 熟练掌握对图像进行修饰和修复的方法，并能独立对图像进行合理的修饰和修复处理，完成处理作品两幅。

知识拓展（三）
PS工具箱介绍与
照片修饰方法

任务四 图片特效的制作

本任务主要让学生了解创作图片特效艺术摄影作品的方法。通过完成任务，了解图片特效制作艺术摄影作品的制作技巧，掌握特效合成艺术摄影作品的一般方法和步骤。

一、任务描述

任务描述如表7-4-1所示。

表7-4-1 任务描述表

任务名称	图片特效的制作	
一、任务目标		
1. 知识目标 （1）了解创作特效艺术摄影作品的范围。 （2）掌握Photoshop中的相关菜单、工具和命令。 2. 能力目标 （1）熟悉并能操作Photoshop中对艺术摄影作品处理的相关菜单、工具和命令。 （2）能够运用软件对摄影作品进行艺术再创作。 3. 素质目标 （1）培养勤于思考、探究的能力，学会举一反三。 （2）培养学习新知识与技能的能力。 （3）培养合理运用Photoshop对图片进行特效处理的能力		
二、任务内容		
（1）了解创作艺术摄影作品的原则。 （2）掌握Photoshop中与处理特效艺术摄影作品相关的菜单、工具和命令。 （3）学会创作特效艺术摄影作品的一般操作过程和方法		
三、任务成果		
了解创作特效艺术摄影作品的范围。通过对摄影作品的再创作，进一步增强摄影作品的艺术感染力和表现力		
四、任务资源		
教学条件	（1）硬件条件：图像处理专业机房、多媒体演示设备。 （2）软件条件：图像处理软件、多媒体教学系统	
教学资源	多媒体课件、教材、网络资源等	
五、教学方法		
教法：任务驱动法、小组讨论法、案例教学法、讲授法、演示法。 学法：自主学习、小组讨论、查阅资料		

二、任务实施

1. 创作特效艺术摄影作品的应用范围

在前面的任务中已经讲到了，艺术摄影作品可进行后期加工处理，可通过Photoshop对其进行二次创作，本任务主要学习的创作特效艺术摄影作品就是指对这类艺术摄影的再创作。Photoshop给我们提供了在传统摄影时代难以想象的创作空间，只要你能想到的，都可以通过软件加以实现。

在实际拍摄过程中，由于摄影器材的限制或者拍摄技术不熟练，有的摄影作品的画面主题不够突出，这时可以通过软件模拟特技拍摄效果，弥补拍摄前期的遗憾，如模拟浅景深效果，运动、爆炸效果，柔光（焦）效果，绘画效果，下雪、下雨效果，反转片负冲效果，黑白照片效果等。因此，熟悉这些效果的处理方法是很有必要的。

2. 调整、处理思路

本任务中将学习模拟大光圈拍摄的浅景深效果。由于拍摄前受拍摄器材或拍摄条件的限制，拍摄出的图片景深太大，主体不突出。这里主要运用Photoshop当中的镜头模糊滤镜对图像进行大光圈浅景深的处理，完成后再对图片进行锐化和色彩的调整即可。

3. 处理步骤

处理前后效果如图7-4-1和图7-4-2所示，具体步骤如下：

（1）执行"文件"→"打开"命令，打开需要处理的图片。执行"图层"→"复制图层"命令，弹出复制图层对话框，选择默认设置，单击"确定"按钮，复制背景层，这是一个比较好的处理图像习惯（图7-4-3）。

图7-4-1　处理前

图7-4-2　处理后

图7-4-3　复制图层

（2）首先，选择磁性套索工具，在工具属性栏中设置好宽度、对比度、频率等参数，方便选择。然后，用磁性套索工具选取图像中需要保留的清晰对象（就是焦点位置）。为了模拟景深的真实性，注意将同一个焦点平面的对象都选出来。最后执行"选择"→"存储选区"命令，弹出"存储选区"对话框，选择默认设置，单击"确定"按钮，存储选区（图7-4-4）。

（3）为了模仿由远及近的虚化效果还应做一个从上到下的渐变蒙版。首先，单击通道面板，进入通道面板，单击选择Alpha 1通道（刚刚保存的选区），拖动Alpha 1通道到通道面板下方的"创建新通道"按钮上，就会复制出"Alpha 1副本"通道。然后，执行"选择"→"载入选区"命令，弹出"载入选区"对话框，在其中选择"Alpha 1副本"通道，其他默认，单击"确定"按钮，载入选区。最后，执行"选择"→"反向"命令，反选选区（图7-4-5）。

（4）选择渐变工具，在工具选项栏中，设置预设渐变为黑白渐变、渐变样式为线性渐变，其他默认。在图像中按住Shift键从上到下拖动鼠标完成线性渐变（图7-4-6）。

（5）单击选择图层面板，选中背景副本图层。然后执行"滤镜"→"模糊"→"镜头模糊"命令，弹出"镜头模糊"对话框，具体设置参数：在深度映射单元中，"源"选择"Alpha 1副本"，模糊焦距设为0，勾选反相；光圈单元中，光圈的形状设为六边形，半径设为100，叶片弯度设置为0，旋转设置为100；镜面高光单元中，主要设置焦外光斑的清晰度和亮度，亮度设置为15，阈值设置为150；杂色单元主要设置添加质感。设置好后单击"确定"按钮（图7-4-7）。

（6）执行"选择"→"载入选区"命令，弹出载入选区对话框，选择"Alpha1副本"通道。再执行"滤镜"→"锐化"→"USM锐化"命令，设置参数设为：数量100、半径10.0，单击"确定"按钮，对画面的焦点部分进行锐化（图7-4-8）。

（7）执行"选择"→"反向"命令，选中背景虚化部分。再执行"图像"→"调整"→"曲线"命令，弹出曲线对话框，在RGB通道中，向右下方拖动曲线，参数设置为输出160、输入200，单击"确定"按钮以压暗背景色（图7-4-9）。

（8）执行"选择"→"取消选择"命令，取消选择。选择图层面板，单击下方的"创建新的填充或调整图层"按钮，执行"色相/饱和度"命令，设置参数为色相-2、饱和度+15、明度0，返回图层面板（图7-4-10）。

（9）如果需要合并图像，执行"图层"→"合并图像"命令，合并图像。所有操作完成后，执行"文件"→"存储为"命令，重新命名，保存合成后图片（图7-4-11）。

图7-4-4　制作选区并存储

图7-4-5　载入选区并反选

图7-4-6　线性渐变

图7-4-7　镜头模糊滤镜设置

图7-4-8　USM锐化焦点

图7-4-9　曲线调整背景亮度

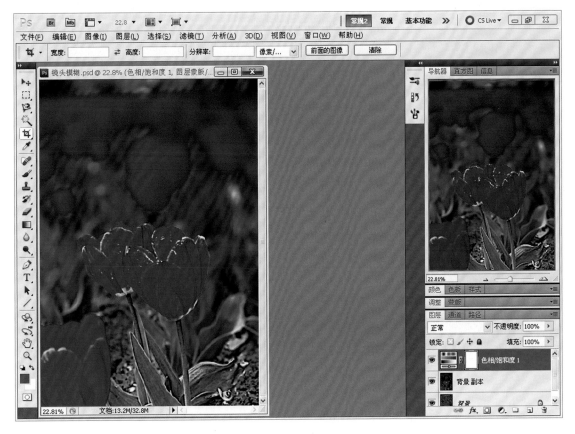

图7-4-10　设置"色相/饱和度"

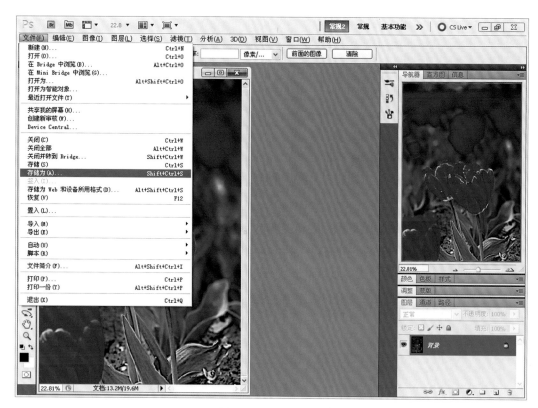

图7-4-11　保存图片

三、任务检查

任务检查如表7-4-2所示。

表7-4-2　图片特效的制作任务考核指标

任务名称	序号	任务内容	任务要求	任务标准	分值/分	得分
图片特效的制作	1	创作特效艺术摄影作品的原则	了解创作特效艺术摄影作品的原则	能正确理解创作特效艺术摄影作品的原则，并能在实践中运用	10	
	2	Photoshop的相关菜单和命令	熟悉Photoshop的相关菜单和命令	熟练操作Photoshop的相关菜单、工具和命令	20	
	3	操作步骤	掌握创作特效艺术摄影作品的一般步骤，并完成相关作品的处理	能独立完成创作特效摄影作品的操作	50	
	4	作业完成情况	按照任务描述提交处理好的摄影作品	按时上交符合要求的处理后的作品	15	
	5	工作效率及职业操守	—	时间观念、责任意识、学习主动性及工作效率	5	

四、练习题

1. 熟练掌握Photoshop中针对创作特效艺术摄影作品的相关菜单、工具和命令。

2. 熟练掌握并能独立创作特效艺术摄影作品，完成处理作品两幅。

高手都用的十大
PS技巧

运用滤镜制作
照片

知识拓展（四）
特效照片制作与
图层应用

本任务主要让学生了解如何制作全景照片。通过完成任务，熟悉制作全景照片应注意的要点；通过具体制作全景照片，完成在实拍过程中很难实现的大场面效果。

一、任务描述

任务描述如表7-5-1所示。

表7-5-1　任务描述表

任务名称	全景照片的合成	
一、任务目标		
1. 知识目标 （1）了解制作全景照片应注意的要点。 （2）掌握Photoshop中的相关菜单、工具和命令。 2. 能力目标 （1）熟悉并能操作Photoshop中制作全景照片的相关菜单、工具和命令。 （2）能够运用软件把所拍摄的全景素材照片制作合成全景照片。 3. 素质目标 （1）培养勤于思考、探究的能力，学会举一反三。 （2）培养学习新知识与技能的能力。 （3）培养合理运用Photoshop对全景图片合成的能力		
二、任务内容		
（1）了解制作全景照片应注意的要点。 （2）掌握Photoshop中制作全景照片的相关菜单、工具和命令。 （3）学会制作全景照片的一般操作过程和方法		
三、任务成果		
了解制作全景照片应注意的要点。通过合成制作全景照片，完成在实拍过程中很难实现的大场面效果		
四、任务资源		
教学条件	（1）硬件条件：图像处理专业机房、多媒体演示设备。 （2）软件条件：图像处理软件、多媒体教学系统	
教学资源	多媒体课件、教材、网络资源等	
五、教学方法		
教法：任务驱动法、小组讨论法、案例教学法、讲授法、演示法。 学法：自主学习、小组讨论、查阅资料		

二、任务实施

1. 全景照片的概念，数码照相机在前期拍摄全景照片素材时应注意的问题

全景照片也称三维全景图、全景环视图。全景照片一般有圆柱形、立方体形、球形三种。最常用的是圆柱形全景照片。传统光学摄影的全景照片，是将60°到360°的场景（柱形场景）部分或全部展现在二维平面上，将一个场景的前后左右一览无余地推到观者的眼前。具体拍摄时，利用专用的全景摇头照相机，以圆柱的圆心为照相机旋转的基点，对场景进行连续旋转扫射拍摄，获得超长的视角画面。随着数码照相机和后期处理的发展，制作全景照片成为数码摄影后期处理的另一大优势，通过数码照相机拍摄多幅场景分段照片，然后再利用电脑进行后期拼接、缝合即可。现在，有些袖珍照相机上也有拍摄全景照片的

功能，它将前期拍摄和后期处理合二为一，无须电脑后期处理，大大方便了普通人获取全景照片的机会。

为了在后期制作时更便捷一些，在前期拍摄的过程中就要有规划，应该注意以下几点：

（1）拍摄过程最好用三脚架，这样可保证图片在连接时保持水平状态；拍摄时首先将照相机固定在三脚架上，如果拍摄左右横幅的全景照片，应在调节好三脚架俯仰方向后旋紧旋钮，这样，三脚架只能左右水平旋转。

（2）照相机的设定：为了保证照片曝光和色调一致，每一幅分段照片设置必须一致。影像品质选择精细或RAW+JPEG模式；影像尺寸选择最大尺寸；感光度根据环境亮度尽量选择低感光度（如ISO100）；白平衡根据现场环境选择适合的白平衡，也可通过试拍选择其他白平衡设置，不能用自动白平衡（如用自动白平衡，每幅分段照片色温很可能会有微妙差异，导致后期合成比较麻烦）；焦距一般情况下可选择标准焦距（相当于135照相机的50 mm焦距）拍摄，这样透视畸变很小；对焦方式一般选择中央单点对焦比较方便，并采用手动对焦；测光一般选择中央重点测光或点测光；曝光模式必须用全手动模式（M）拍摄。

（3）对焦试拍。先用光圈优先模式（A）选用适当小光圈对全景照片的主要景色对焦、测光试拍，记住最佳曝光组合，然后，再将曝光模式调到全手动模式（M），将刚刚测得的曝光组合预设进去。

（4）根据之前的构思一般从左到右或从上到下顺序拍摄，拍摄时在相邻的照片之间要有1/4～1/3的重叠图像部分，以便后期拼接。

（5）全景照片一般不宜制作以运动为主体的拍摄对象，特殊效果除外。拍摄速度也要快一些，这样一些运动物体的位移就不太明显（如天空的云彩），为后期处理提供方便。

2. 制作处理思路

前期的拍摄如果严格按要求进行，后期处理就非常方便，第一种方法就是用Photoshop的全景照片自动合成命令（执行"文件"→"自动"→"Photomerge"命令）快速地完成全景照片的制作，非常方便。如果前期拍摄不尽人意，那么电脑也是无能为力的，就只能用第二种方法进行手动合成了。不管是第一种还是第二种方法，制作的思路都是将所有的分段照片拼接在一个画面中，然后对照片之间的接缝进行修饰，使之完美地结合在一起。下面的制作步骤就是按第二种人工手动合成的方法制作完成的。

3. 制作步骤

前期拍摄的分段照片素材如图7-5-1所示。

制作完成后的全景照片如图7-5-2所示。

（1）执行"文件"→"新建"命令，弹出"新建"对话框，根据要合成分段照片的张数、图片大小，新建一个图片文件。本例有9张图片，大小为2 592像素×3 872像素，分辨率为300像素/英寸。考虑到四周留出的余量，新建文件的大小大致为26 000像素×4 200像素，分辨率为300像素/英寸。对话框设置好以后单击"确定"按钮（图7-5-3）。

（2）执行"文件"→"打开"命令，弹出打开对话框，选择要合成的分段照片素材，单击"打开"按钮打开文件。然后，选择移动工具，将打开的分段照片素材按顺序逐一拖进新建的文件中，并关闭所有素材文件（图7-5-4）。

图7-5-1　分段照片素材

图7-5-2　全景照片

图7-5-3　新建文件

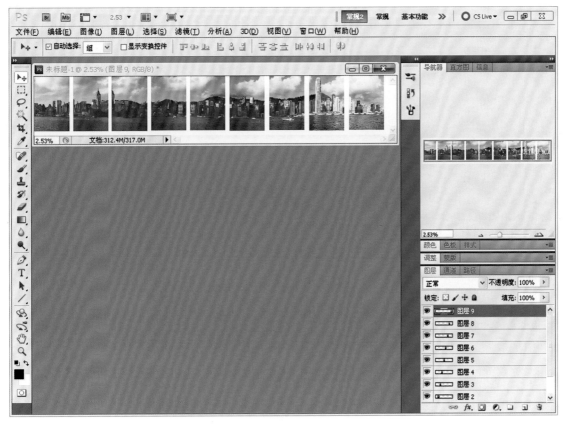

图7-5-4　将分段照片素材拖进新建文件

（3）运用移动工具，仔细将图片拼接在一起。为了拼接方便，可放大图像，将其中一张的透明度（在图层面板的上方）调整一下进行移动操作；拼接时所有的对象不可能完全重合，只要一些重点部位（如海岸线、主要建筑物等）基本重合即可（图7-5-5）。

（4）图像拼接好后，分段素材之间肯定有衔接不好的问题，需要详细修饰。在图层面板中单击选中要修饰的图层，为图层添加蒙版。然后，选中蒙版，选择画笔工具，将前景色设置为黑色，调整画笔大小、软硬度、不透明度，放大图像仔细逐一修饰。在修饰每一层的时候，一定要确定选中蒙版，这一修饰过程需要花点时间（图7-5-6）。

（5）由于拍摄时的不严谨，前期分段素材可能会出现曝光、色调的微小差异，需要运用"曲线"等命令进行调节。调节时，选中要调节的图层，执行"曲线"命令，弹出"曲线"对话框，在"通道"下拉菜单中分别调整RGB、红、绿、蓝曲线，仔细观察图像的整体效果，直至合适为止（图7-5-7）。

（6）在图层面板中，选择最顶端的图层，盖印图层为图层10。由于拍摄时画面没有保持水平或者因镜头畸变的影响，合成拼接画面可能会参差不齐，如直接裁剪四周会损失很多画面信息，需要对画面进行修补。修补时最好新建图层操作，这样如不满意，还可重新调整。单击图层面板下方的"创建新图层"按钮，新建图层11（图7-5-8）。

（7）选中图层11，选择仿制图章工具，对画面周围需要修复的地方进行修复，本例主要修饰画面的右上方和左下方。可放大仔细修复。这是传统的修饰方法，虽然较费时，但效果好。现在Photoshop CS5的智能修复功能非常强大，也可以尝试用其他智能方法修复。像"编辑"→"填充"命令中的"内容识别"功能就比较方便（图7-5-9）。

（8）选择裁剪工具，对画面边缘部分进行裁切。拖动裁切框，合适后单击工作区右上部的"提交"按钮完成裁切（图7-5-10）。

（9）图层面板中，选择最顶端图层，创建"色阶"调整层，调整画面的亮度、对比度。黑、灰、白三个调节滑块分别为0、1.20、245。再创建"曲线"调整层，重点调节画面的色调。分别对RGB、红、绿、蓝不同通道进行调节（图7-5-11）。

（10）图层面板中，选择最顶端的图层，盖印图层为图层12，执行"滤镜"→"锐化"→"USM锐化"命令，弹出USM锐化对话框，设置参数：数量50%、半径10像素。对图像进行锐化处理（图7-5-12）。

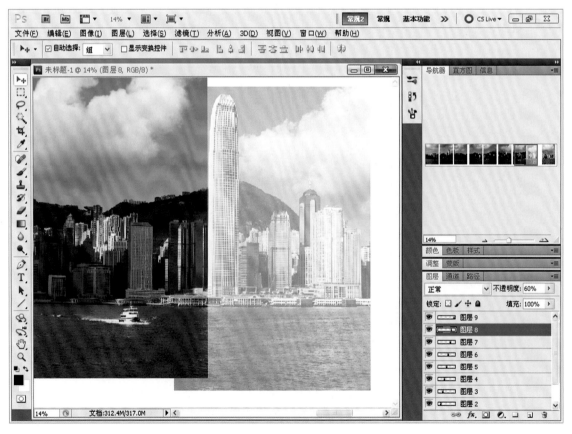

图7-5-5　拼接图片

图7-5-6　详细修饰

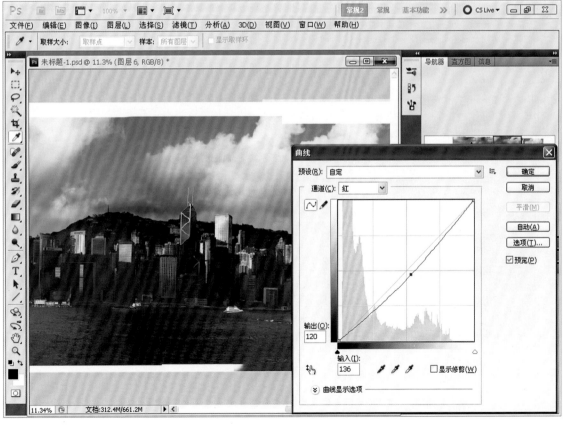

图7-5-7　调节分段素材的曝光和色调

图7-5-8 新建图层

图7-5-9 修复画面

图7-5-10　裁切画面边缘

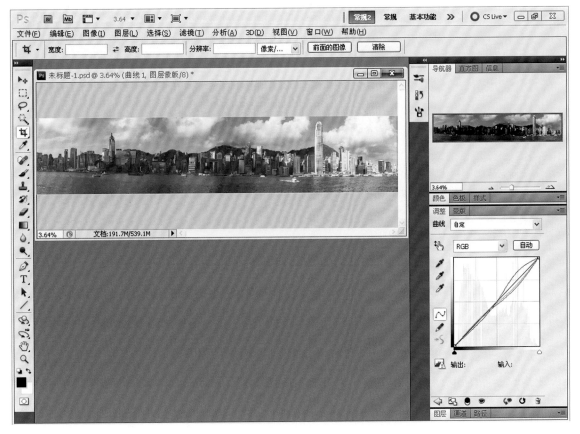

图7-5-11　调节画面亮度、对比度和色调

（11）如果需要合并图像，执行"图层"→"合并图像"命令，合并图像。所有操作完成后，执行 "文件"→"存储为"命令，重新命名，保存合成后图片（图7-5-13）。

图7-5-12　USM锐化

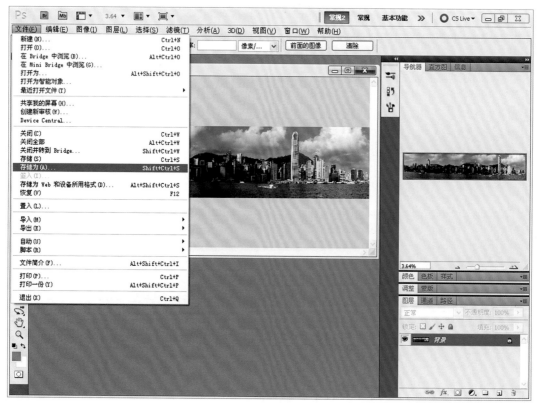

图7-5-13　保存图片

4. 合成实例

合成实例如图7-5-14和图7-5-15所示。

图7-5-14 合成实例（一）

图7-5-15 合成实例（二）

三、任务检查

任务检查如表7-5-2所示。

表7-5-2 全景照片的合成任务考核指标

任务名称	序号	任务内容	任务要求	任务标准	分值/分	得分
全景照片的合成	1	制作全景照片的要点	了解制作全景照片的要点	能正确理解制作全景照片的要点，并能在实践中运用	10	
	2	Photoshop的相关菜单和命令	熟悉Photoshop的相关菜单和命令	熟练操作Photoshop的相关菜单、工具和命令	20	
	3	操作步骤	掌握制作全景照片的一般步骤，完成相关作品的处理	能独立完成对全景照片的合成操作	50	
	4	作业完成情况	按任务描述提交处理好的全景照片	按时上交符合要求的合成全景作品	15	
	5	工作效率及职业操守	—	时间观念、责任意识、学习主动性及工作效率	5	

四、练习题

1. 掌握Photoshop中针对制作全景照片的相关菜单、工具和命令。

2. 熟练掌握全景照片的制作方法并能独立制作全景照片，完成全景作品两幅。

知识拓展（五）
通道、蒙版与
文字图层运用

任务六　多图片合成艺术摄影作品

本任务主要让学生了解用多幅图片制作合成在实际拍摄中无法一次（或者很难）获得的艺术摄影作品的方法。通过完成任务，做到较为熟悉地利用现有的摄影图片，通过构思立意，利用Photoshop的处理能力，使平淡的摄影作品焕发新的光彩。

一、任务描述

任务描述如表7-6-1所示。

表7-6-1　任务描述表

任务名称	多图片合成艺术摄影作品	
一、任务目标		
1. 知识目标 （1）了解图片合成艺术摄影作品应注意的问题。 （2）掌握图片合成的相关菜单、工具和命令。 2. 能力目标 （1）熟悉并能操作Photoshop中合成影像的相关菜单、工具和命令。 （2）能够运用软件，通过构思合成创意摄影作品。 3. 素质目标 （1）培养勤于思考、探究的能力，学会举一反三。 （2）培养学习新知识与技能的能力。 （3）培养合理运用Photoshop对图片进行综合合成的能力		
二、任务内容		
（1）了解合成艺术摄影作品的要点。 （2）掌握Photoshop中合成影像的相关菜单、工具和命令。 （3）学会合成图片的一般操作过程和方法		
三、任务成果		
了解合成艺术摄影作品的要点。通过对摄影作品的合成，完成具有创意的摄影作品		
四、任务资源		
教学条件	（1）硬件条件：图像处理专业机房、多媒体演示设备。 （2）软件条件：图像处理软件、多媒体教学系统	
教学资源	多媒体课件、教材、网络资源等	
五、教学方法		
教法：任务驱动法、小组讨论法、案例教学法、讲授法、演示法。 学法：自主学习、小组讨论、查阅资料		

二、任务实施

1. 多图片合成艺术摄影作品应注意的问题及调整、处理思路

在传统摄影时代，要将不同时空中的影像在一幅画面中同时表现出来，一般只能在前期拍摄时用带有多次曝光功能的照相机拍摄，或者通过后期复杂的暗房技术合成多幅底片来实现。而在数码时代，可以用图像处理软件很轻易地、天衣无缝地将多幅图片通过自己的创意合成到一起，完成在胶片传统时代很难完成或不可能完成的操作，使平淡无奇的单幅照片起死回生，焕发青春活力。

多图片合成艺术摄影作品在制作方法上会综合运用软件的不同工具和功能。在合成时一般需要注意以下几点：

（1）合成的照片应以艺术照片为主，要严格遵守新闻纪实摄影的职业道德。

（2）合成照片的大小和分辨率最好基本一致，避免图像质量下降（在调整过程当中应把要调整的图层转为智能对象，这样可反复调整而不会损伤图像）。

（3）合成后要调整画面的光线，使之统一。

本例就是简单地将三幅摄影作品巧妙地合成在一起，一个用前景的造型，一个用背景的天空，一个用海鸥。基本的处理思路是运用Photoshop图层蒙版技术将前景中的造型抠出来，将其与下面的背景图片合成，最后再调整画面的色调，使两张图片天衣无缝地组合在一起。

抠像是Photoshop当中非常重要的内容。具体操作过程中应该注意：抠像要仔细认真，因为这关系到后期合成最终效果的真实性。本例使用了通道抠图法，这种方法可以抠出图像边缘的半透明效果。另外，因为是多幅图片的合成，多张图片色调很可能是不同的，如何将不同色调的图片协调在一起，是本任务的又一个重点。还有，多图片当中的形象元素多种多样，在将它们组合在一起时，要注意画面构图的合理性。

2. 处理步骤

前期照片素材如图7-6-1～图7-6-3所示。制作合成后的作品如图7-6-4所示。

图7-6-1 照片素材（一）

图7-6-2 照片素材（二）

图7-6-3 照片素材（三）

图7-6-4　处理后效果

具体处理步骤如下：

（1）在Photoshop中打开需要处理的前两张图片：图片1、图片2。单击选中图片1，全选、拷贝图像；单击选中图片2，执行"编辑"→"粘贴"命令，将"图片1"复制到"图片2"中。在"图片2"的图层面板中会出现"背景"层和"图层1"两个图层。完成后就可关闭"图片1"图片（图7-6-5）。

（2）用通道抠图法抠出前景。选择图层1，单击通道进入通道面板。单击各个通道的画面效果，选择一个明暗对比度较大的通道，本例选择"蓝"通道。复制"蓝"通道，就会在通道面板中出现"蓝副本"通道（图7-6-6）。

（3）选中"蓝副本"通道，执行"图像"→"调整"→"反相"命令，将通道的明暗翻转过来。然后，在工具箱中选择"快速选择工具"，快速选择前景图像的绝大部分对象（只是树叶的边缘选择不太准确）。再次，执行"选择"→"调整边缘"命令，弹出"调整边缘"对话框后详细设置参数，选取树叶等细节，单击"确定"按钮（图7-6-7）。

（4）在工具箱下方单击"默认前景色背景色"按钮，还原前景白色、背景黑色。执行"编辑"→"填充"命令，用"前景色"填充选区（前景造型）。然后，执行"选择"→"反相"命令，执行"编辑"→"填充"命令，用"背景色"填充选区（背景天空）（图7-6-8）。

（5）执行"选择"→"载入选区"命令，载入"蓝副本"，即选中前景中的景物。然后，单击选中图层面板，在图层面板下方单击"添加图层蒙版"按钮，"图层1"中的背景就会被图层蒙版屏蔽，显示出"背景"层中的天空（图7-6-9）。

（6）调整背景图片的色调。首先，在图层面板中选中背景层，为其创建"曲线"调整层，随之转到调整面板，分别调整各个通道。然后，调整前景图片的色调。在图层面板中选中"图层1"，为其创建"曲线"调整层，随之转到调整面板，单击面板下方的"此调整剪切到此图层"按钮。分别调整各个通道，注意观察前景与背景融合的程度（图7-6-10）。

（7）在画面当中添加一些海鸥。首先在Photoshop中打开图片3，用选择工具选取海鸥。然后，将海鸥复制到"图片2"中。在"图片2"的图层面板中出现"图层2"图层。选中"图层2"图层，执行"色阶"命令，将海鸥处理成剪影效果。然后，执行"自由变换"命令，调整海鸥的大小、角度和位置。最后，选中"图层2"图层，多次复制"图层2"，分别对其进行"自由变换"操作，调整每只海鸥的大小、形状，将它们放在合适的位置（图7-6-11）。

（8）如果需要合并图像，执行"图层"→"合并图像"命令，合并图像。所有操作完成后，执行"文件"→"存储为"命令，重新命名，保存图片（图7-6-12）。

图7-6-5 打开并复制图片

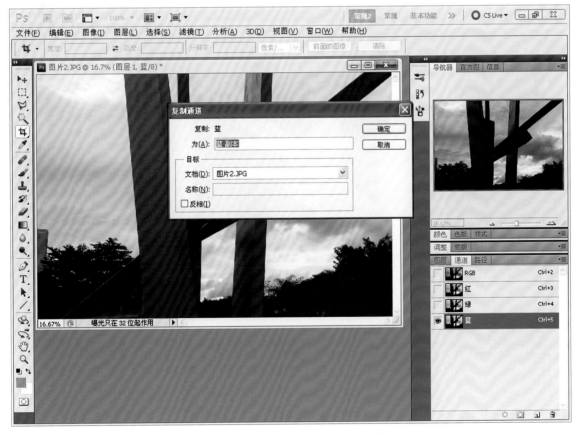

图7-6-6 选择适合抠像的通道并复制

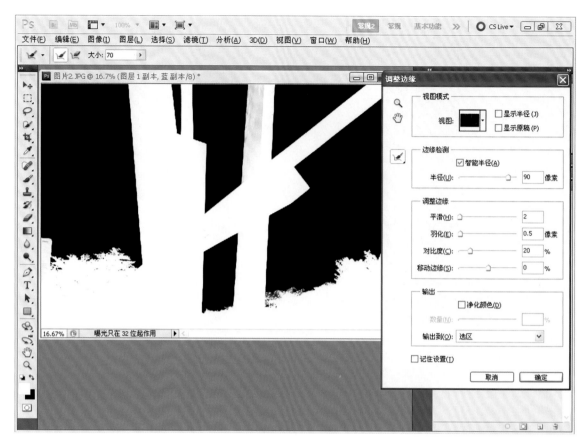

图7-6-7　修饰选区

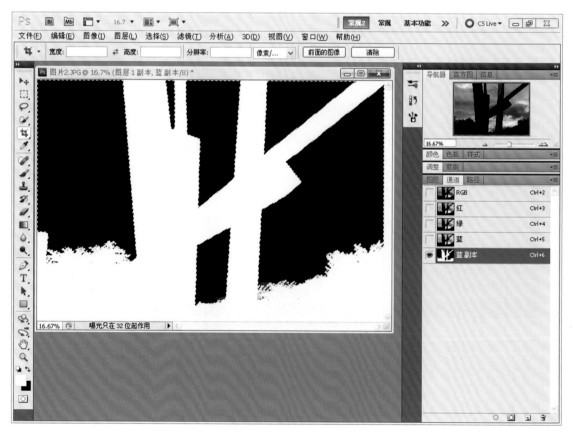

图7-6-8　用通道抠图法抠出前景

图7-6-9　添加图层蒙版

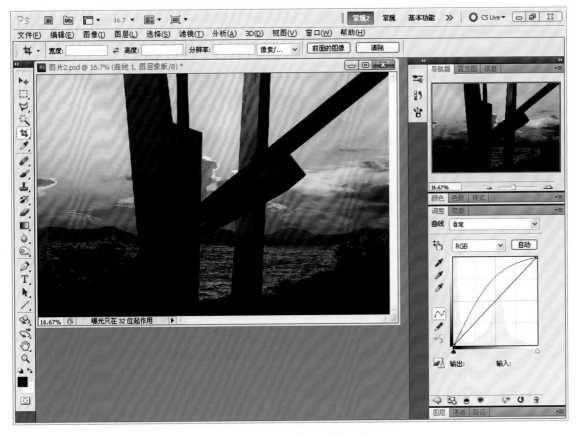

图7-6-10　调整背景图片的色调

图7-6-11　添加海鸥

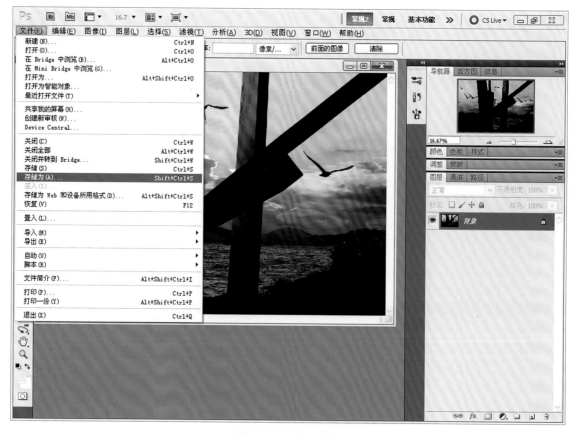

图7-6-12　保存图片

三、任务检查

任务检查如表7-6-2所示。

表7-6-2　多图片合成艺术摄影作品任务考核指标

任务名称	序号	任务内容	任务要求	任务标准	分值/分	得分
多图片合成艺术摄影作品	1	图片合成应注意的问题	了解图片合成应注意的问题	能正确理解图片合成的原则，并能在实践中运用	10	
	2	图片合成的相关菜单、工具和命令	熟悉图片合成的相关菜单、工具和命令	熟练操作Photoshop的相关菜单、工具和命令	20	
	3	合成图片的一般操作过程和方法	掌握图片合成的一般步骤和方法，完成相关作品处理	能独立完成对多幅图片合成的操作，同时画面有一定的创意	50	
	4	作业完成情况	按照任务描述提交处理好的作品	按时上交符合要求的处理后的合成作品	15	
	5	工作效率及职业操守	—	时间观念、学习主动性及工作效率	5	

四、练习题

1. 掌握Photoshop中各种工具、命令综合运用的方法、技巧。
2. 掌握对多幅图像进行合成的方法并能独立对多幅图像进行合成。独立完成合成作品两幅。

知识拓展（六）
图像选取与
批处理图片

参考文献

[1] 美国纽约摄影学院. 美国纽约摄影学院摄影教材[M]. 2版. 北京：中国摄影出版社，2010.

[2] 徐国兴. 摄影技术教程[M]. 2版. 北京：中国人民大学出版社，2001.

[3] 杨绍先，李文联，姜海波. 摄影技术与艺术[M]. 3版. 北京：高等教育出版社，2014.

[4] [美]斯科特·凯尔比. 数码摄影手册（第一卷）[M]. 2版.孔岚，译. 北京：人民邮电出版社，2014.